Filosofia da Educação Matemática

Filosofia da Educação Matemática

Fenomenologia, concepções, possibilidades didático-pedagógicas

Organizadora
Maria Aparecida Viggiani Bicudo

editora
unesp

Direitos de publicação reservados à:
Fundação Editora da UNESP (FEU)
Praça da Sé, 108
01001-900 – São Paulo – SP
Tel.: (0xx11) 3242-7171
Fax: (0xx11) 3242-7172
www.editoraunesp.com.br
www.livrariaunesp.com.br
feu@editora.unesp.br

CIP-BRASIL. Catalogação na fonte
Sindicato Nacional dos Editores de Livros, RJ

F524

Filosofia da educação matemática: fenomenologia, concepções, possibilidades didático-pedagógicas/organizadora Maria Aparecida Viggiani Bicudo. – São Paulo: Editora UNESP, 2010.
243p. : il.

ISBN 978-85-7139-999-0
Inclui bibliografia e índice

1. Matemática – Estudo e ensino – Filosofia. 2. Fenomenologia. 3. Prática de ensino. I. Bicudo, Maria Aparecida Viggiani.

10-0559. CDD: 570.7
CDU: 51(07)

Editora afiliada:

Asociación de Editoriales Universitarias de América Latina y el Caribe

Associação Brasileira de Editoras Universitárias

Sumário

Prefácio[1]

O livro organizado por Maria Aparecida Viggiani Bicudo, *Filosofia da Educação Matemática – fenomenologia, concepções, possibilidades didático-pedagógicas*, preenche uma lacuna no campo dos estudos fenomenológicos porque não é apenas uma reflexão sobre o significado da Matemática – primeiro nível da pesquisa –, mas uma operação mais complexa, que constitui o segundo nível da pesquisa e alcança uma das intenções profundas da Escola Fenomenológica, qual seja, a de possibilitar uma fundamentação teórica para os especialistas das diferentes disciplinas. Essa proposta se evidenciava, mais claramente, em relação às ciências humanas ou às ciências do espírito, como eram denominadas pelos fenomenólogos, mas era válida também para os que cultivavam as ciências matemáticas e físicas, como demonstra Husserl na obra A crise das ciências europeias e a fenomenologia transcendental. Porém, o que estava ausente em Husserl, mas presente em sua aluna Edith Stein, era a atenção à maneira de ensinar essas disciplinas, e justamente nisso consiste um terceiro nível ulterior de pesquisa, presente neste livro, o que lhe confere novo motivo de originalidade.

É claro que para ensinar as diferentes disciplinas são necessárias três coisas: em primeiro lugar, conhecer as próprias disciplinas; em segundo, interessar-se pelos problemas pedagógicos; e, em terceiro, adequar os processos pedagógicos à capacidade de aprendizagem dos estudantes, conhecendo os problemas da Psicologia. Tudo isso, no entanto, não é suficiente. Tanto a Pedagogia como a Psicologia exigem atenção aos processos de aprendizagem inerentes aos seres humanos, para cuja compreensão de todos os aspectos, em última análise, torna-se necessário o conhecimento de algumas linhas fundamentais da Antropologia Filosófica.

1 Tradução da professora dra. Ir. Jacinta Turollo Garcia, da Universidade do Sagrado Coração (USC), Bauru, São Paulo, além de pesquisadora visitante da Universidade Lateranense, Roma, Itália.

O campo dos conhecimentos requeridos para quem pretende ensinar é, portanto, de fato muito amplo: vai da epistemologia das ciências, passando pelo tema das modalidades do conhecer humano, à constituição antropológica, psicológica e pedagógica do ser humano, e requer, em decorrência, competência em muitos setores.

Os autores das contribuições presentes neste livro possuem tais competências. Partindo de um problema específico, didático e prático, compreenderam muito bem que é necessária, ainda, uma teoria não só referente à disciplina ensinada, mas ao modo de ensiná-la, e entenderam que é necessária uma circularidade entre teoria e prática, que se expande em círculos sempre mais amplos, incluindo não só questões antropológicas de teor filosófico, mas abrindo-se também ao conhecimento dos processos culturais e sociais.

O encontro com essa filosofia particular que é a Fenomenologia possibilitou aos autores deste livro situar-se num terreno fértil sob todos os pontos de vista indicados. Pode-se afirmar que o enfoque filosófico, aplicado ao contexto do estudo da Matemática, tem dupla direção: a pesquisa teórica da própria Matemática – a Filosofia da Matemática como investigação do significado dessa ciência –, e a pesquisa filosófica dos fundamentos e processos cognitivos do ser humano, que remete, por sua vez, à investigação da estrutura humana. E tudo isso está muito bem expresso no título do livro.

Para compreendê-lo melhor, é útil seguir o percurso que o livro propõe.

Os estudos que o constituem abordam de diferentes pontos de vista os assuntos indicados, elaborando um plano unitário e harmonioso, sob a orientação teórica de Maria Aparecida Viggiani Bicudo, que atua em diversos trechos da obra.

No Prefácio, ela apresenta as indicações gerais sobre o projeto da pesquisa e justifica que se trata de uma pesquisa fenomenológica em dois níveis: como interpretação de Filosofia da Matemática, conduzida com base em uma perspectiva fenomenológica, e como reflexão sobre a Educação, também conduzida do ponto de vista fenomenológico.

Os pensadores da área fenomenológica aos quais se faz referência são, em primeiro lugar, Husserl, depois Merleau-Ponty e Heidegger.

Lança-se mão das teorias de Husserl sob diversos pontos de vista: o que se refere à justificação teórica da Matemática na *Filosofia da Aritmética* e, em particular, no *Apêndice III à crise das ciências europeias*, dedicado, justamente, à "Origem da Geometria", texto que constitui referência para várias contribuições presentes no livro relativas à análise dos processos cognitivos humanos, conforme são indicados em outra obra de Husserl, *Ideias para uma Fenomenologia pura e uma filosofia fenomenológica*, e, também, ao enfoque ligado à constituição do ser humano como corporeidade.

O tema do corpo e da percepção é retomado por Merleau-Ponty, que o havia conhecido por meio da leitura dos manuscritos de Husserl dedicados ao assunto, no Arquivo Husserliano de Lovaine. Da grande quantidade de assuntos tratados por Husserl, ele extrai esse tema e o elabora de maneira específica. Suas análises aprofundam de modo original as indicações dadas por Husserl e lhe são úteis na compreensão da relação entre o ser humano e o mundo que o envolve, pela mediação da corporeidade. Compreende-se, dessa maneira, o interesse pelo tema da percepção que o tornou famoso no campo dos estudos fenomenológicos. Sem dúvida, apesar de afastada das análises husserlianas em alguns momentos, a perspectiva de Merleau-Ponty permanece mais próxima da de Husserl, diferentemente do que acontece no caso de Heidegger.

O mérito desse último é o de ter evidenciado a questão da existência e de ter descrito, na perspectiva de uma analítica fenomenológico-existencial, algumas características do ser humano. Por certo, para uma justificação dos processos cognitivos, as pesquisas de Husserl e de Merleau-Ponty respondem melhor às perguntas que nascem quanto ao significado do conhecimento sensível e intelectual no qual a formação do conhecimento matemático se baseia, mas Heidegger é com frequência considerado presente por aqueles que se inspiram amplamente na corrente fenomenológica e acolhem mais os elementos de convergência, no ambiente da escola fenomenológica, do que as diferenças. Isso acontece, em geral, com os estudiosos das ciências humanas que se inspiram na Fenomenologia, por exemplo, os psicólogos e especialistas em psicopatologia, mas, como se pode constatar nesta obra, também com quem se interessa por Matemática ou pelas ciências naturais. Colocar juntas as diversas perspectivas presentes no interior da Escola Fenomenológica não é algo negativo, desde que se saiba usar com inteligência as contribuições de cada uma. É o que ocorre com o livro sobre o qual estou agora refletindo.

No texto introdutório, "Fenomenologia em Filosofia da Educação Matemática", a autora traça os aspectos fundamentais da pesquisa husserliana, considerados pontos de referência nas contribuições seguintes. Analisa a relação entre intuição e objetividade, que é de grande importância para se compreender a constituição da Matemática, e apresenta a questão pedagógica relacionada à pesquisa fenomenológica do contexto cultural ou "mundo da vida", no qual está inserida. A especificidade da Pedagogia de inspiração fenomenológica está na conscientização, por parte do professor, de que é necessário proceder por meio da *epoché* [redução] para ressaltar a estrutura das vivências de cada aluno. Tal operação permite compreender que as vivências de cada um não ocorrem de modo privado ou particular, mas revelam estruturas universais que se manifestam em vários níveis: desde o pré-predicativo das sínteses passivas, que captam o objeto na concretude existencial, até a reflexão como operação intelectual, por meio da qual se delineia a objetividade. Essa análise é fundamental, porque é uma chave interpretativa presente em todos os estudos contidos no livro.

O capítulo 2 é dedicado ao primeiro nível geral de pesquisa indicado no início dessas reflexões, isto é, aquele que se refere à interpretação da Matemática apresentada por Husserl. Jairo José da Silva descreve em "Fenomenologia e Matemática" os passos fundamentais da pesquisa de Husserl sobre a Matemática, em sua dupla composição, aritmética e geométrica, até as "Origens da Geometria", evidenciando a importância da interpretação de Husserl para a história da Geometria e recorrendo às operações constitutivas, tomadas no nível transcendental.

O retorno às origens culturais da numeração, por meio de uma descrição fenomenológica dos diversos modos de contar, chegando a testemunhas mais antigas (egípcios, indianos, incas, habitantes da Nova Guiné), encontra-se no capítulo 3, de Verilda Speridião Kluth, "Panorama fenomenológico sobre número e sua imagem na alfabetização aritmética", no qual se pode compreender a análise dos sinais e dos símbolos da numeração por meio da pesquisa na dimensão que Husserl chama "hylética", além de envolver a corporeidade e sua ligação com os objetos sensíveis.

A insistência sobre a história da Matemática não é supérflua, pois a conscientização dos processos pelos quais ela se formou possibilita adentrá-la melhor e transmiti-la às novas gerações. Exemplos nesse sentido se encontram no capítulo 4, de Roger Miarka e Tania Baier, "Conhecimento numérico: um passeio pelas diferentes concepções culturais", no qual se prossegue com a pesquisa fenomenológica de campo analisando o *Tratado do triângulo aritmético* de Blaise Pascal.

No capítulo 5, de Maria de Fátima Teixeira Barreto e Maria Queiroga Amoroso Anastácio, "A compreensão dos números apresentada por crianças: multiplicação", encontramos uma aplicação pedagógica particular no campo da multiplicação com atenção específica não só e necessariamente aos aspectos teóricos, mas também às experiências vividas por alunos durante as atividades de ensino e aprendizagem.

A Parte III da obra é dedicada aos fundamentos teóricos e ao ensino da Geometria. Maria Aparecida Viggiani Bicudo e Verilda Speridião Kluth retomam a questão da "Origem da Geometria" em Husserl para retornar ao tema de fundo deste livro, perguntando-se em que medida Psicologia e Fenomenologia podem justificar o conhecimento da Geometria. Pode-se observar que não se trata de eliminar a Psicologia, mas de compreender que estamos diante de processos cognitivos, aos quais a Fenomenologia pode dar uma resposta válida, em particular sobre o tema "espaço", no qual a Geometria se baseia. A análise husserliana aponta, acima de tudo, a presença de diversos modos de configuração do espaço, entre os quais o geométrico se destaca como fruto de um processo de idealização que testemunha, de um lado, a capacidade humana de chegar a esse nível e, de outro, o fato de que isso ocorreu sob o perfil histórico e cultural em modo eminente, num contexto particular próprio da cultura grega antiga, que tanto influenciou o desenvolvimento posterior do saber ocidental.

Os artigos com os quais se conclui o trabalho constituem a confirmação e aplicação do que vem indicado no capítulo 6, de Maria Aparecida Viggiani Bicudo e Verilda Speridião Kluth, "Geometria e Fenomenologia". Trata-se da verificação, do ponto de vista didático, do que foi teorizado, como acontece na contribuição de Fabiane Mondini, Luciana Ferreira Mocrosky e Marli Regina dos Santos em "Compreensões de Geometria expressas por crianças: prelúdio fenomenológico", baseada nas solicitações e no desenvolvimento dos processos mentais das crianças e, portanto, na utilização de meios especiais, como o diagrama descrito no texto de Rosa Monteiro Paulo, "O significado na produção do conhecimento geométrico", ou, ainda, no interessante recurso à análise de pavimentações realizada por Marli Regina dos Santos e Claudemir Murari em "Um trabalho pedagógico com pavimentações do plano no ensino e na aprendizagem de Geometria".

As conclusões de Maria Aparecida Viggiani Bicudo sobre "Possibilidades pedagógicas" resumem os resultados da pesquisa, situando-se naquele terceiro nível indicado no início deste prefácio: o da aplicação prática do ensino, que, porém, requer, como tantas vezes se enfatizou, não somente atenção ao sucesso no conhecimento de uma disciplina específica, por parte do estudante, mas também o cuidado em inserir a disciplina na formação harmoniosa da pessoa, como afirma com grande sabedoria a autora do texto.

Com base na breve descrição que se fez da obra, podemos evidenciar alguns de seus méritos.

Em primeiro lugar, o livro segue um plano unitário bem organizado no qual cada parte é coerente com o todo. Trata-se, portanto, de um trabalho harmonioso.

Em segundo lugar, percebe-se que foi possível alcançar esse resultado porque o grupo de pesquisa segue algumas linhas comuns, de caráter fenomenológico, sobre as quais se fundamenta uma pedagogia que tende à formação global dos alunos. O fato extraordinário é, justamente, a harmonia das diferentes experiências dos pesquisadores que realizam outro ideal de Husserl – o de um grupo de pesquisa que trabalha em conjunto.

Em terceiro lugar, é evidenciada no livro a dificuldade de ensinar, que requer de quem se dedica a esse trabalho, como já dito antes, ampla preparação em vários sentidos. Mais ainda, pode-se afirmar que tanto é maior a dificuldade de ensinar quanto maior é o número de jovens que aprendem. Pode-se recordar que isso era bastante claro para um filósofo como Ludwig Wittgenstein, que, por um período da vida, dedicou-se ao ensino em escolas primárias.

Por outro lado, é preciso acrescentar, como bem mostram todos os capítulos, que o desenvolvimento dos conhecimentos em termos intelectuais não pode prescindir da formação integral da pessoa: esse é o desafio que esta obra, organizada por Maria Aparecida Viggiani Bicudo, aceitou e, com certeza, em minha opinião, venceu.

Dra. Angela Ales Bello[2]

2 Professora de História da Filosofia Contemporânea da Universidade Lateranense, em Roma, Itália. Dirige o Centro Italiano de Pesquisas Fenomenológicas, associado ao The World Phenomenology Institute.

Preâmbulo

Os capítulos que constituem este livro foram escritos por membros do Grupo de Pesquisa Fenomenologia em Educação Matemática (FEM), vinculado ao CNPq, com base nas investigações efetuadas durante o triênio 2005-2008, e contêm também a história do grupo.

A proposta de escrever esta obra decorreu da constatação da relevância da concepção fenomenológica de realidade e de conhecimento, dos procedimentos fenomenológicos observados para a efetivação de pesquisas nas áreas das humanidades, com ênfase na Educação, e, com grande destaque, da compreensão das relações que se estabelecem nos cenários da Educação quando se assume a atitude fenomenológica. Além dessas constatações, os membros do FEM ainda comprovaram a dificuldade que pessoas não familiarizadas com textos de Fenomenologia, em especial os educadores, sentem para compreender as ideias e, mais do que isso, transformar em atividades educacionais as possibilidades que se abrem com as concepções e posturas fenomenológicas.

De maneira direta, a proposta formulada e traduzida como vontade do grupo foi escrever um livro do modo mais simples possível, trabalhando as ideias nucleares da Fenomenologia, enfocando assuntos centrais para a Matemática e para a Educação Matemática, primordialmente aqueles presentes na Educação Básica. Ao mesmo tempo, havia o interesse em apresentar atividades possíveis de serem desenvolvidas pelos professores com os alunos.

Os temas de Matemática enfocados referem-se a Aritmética e Geometria. A abordagem bem como as atividades apresentadas estão ancoradas numa visão de Filosofia da Educação Matemática e da Matemática assumidas na postura fenomenológica.

Como já anunciado, os capítulos são fruto de investigações efetuadas pelo grupo, ao longo de sua trajetória, em particular no último triênio. Alguns trazem de modo mais direto pesquisas apresentadas como teses de mestrado ou doutorado. Outros foram elaborados como sínteses, transitórias, é verdade, de compreensões de textos lidos e de investigações efetuadas.

São feitas referências a diversos autores, que podem ser, todos, denominados fenomenólogos se vistos do âmbito do questionamento da separação sujeito-objeto na construção do conhecimento, nas questões levantadas sobre homem e mundo, em linguagem, História, cultura e sobre as críticas ao modelo da ciência europeia dominante na época moderna. De modo mais específico, são citados Edmund Husserl, Martin Heidegger e Maurice Merleau-Ponty.

Sob um olhar filosófico mais demorado e analítico, pode ser trazida ao debate a diferença entre eles, em termos das respectivas visões de mundo. Sabe-se que Heidegger foi discípulo de Husserl, mas, já na obra *Ser e tempo* (Heidegger, 1988), afasta-se de questões nucleares dos estudos husserlianos. Merleau-Ponty, estudioso de Husserl e de sua obra, mantém-se mais próximo e fiel às ideias husserlianas. Em que diferem, se partem de uma interrogação e dos respectivos desdobramentos sobre o mundo, a realidade, a ciência, o conhecimento, e se trabalham a princípio com os textos de Husserl?

Situemos, em busca dessa compreensão, o final da década de 1920, quando é publicado *Ser e tempo* (1927), e a década de 1930, quando Husserl entra no clima de preocupação da comunidade europeia em relação à "crise" que pairava sobre ela. É uma crise política e uma crise de sua civilização. Ao colocar a crise em destaque, Husserl não deixa de considerar o motor propulsor de toda a sua obra, referente à ciência europeia, cujo modelo é a moderna ciência cartesiana. Busca explicitar, em termos fenomenológicos, como a ciência está no mundo-vida expressa tal qual um conhecimento de segundo nível em relação ao primário, que é o conhecimento do mundo como experienciado.

Nessa época está em alta, nos meios acadêmicos europeus, a preocupação com o significado do homem no mundo, a qual se desdobra nas reflexões que colocam a existência como algo que deve ser questionado. A busca é compreender o ser com base em sua maneira de existir. Nesse momento, ganham destaque os trabalhos de Karl Jaspers e Martin Heidegger, denominados, respectivamente, de existencialismo humanista e existencialismo fenomenológico.

Para Edmund Husserl, essas obras eram expressão da crise da cultura europeia e não buscavam efetuar a redução fenomenológica para compreender suas raízes. A filosofia existencial de Jaspers e a existencial-fenomenológica de Heidegger, conforme entendia, revelavam os sintomas dos problemas que se avolumavam na cultura europeia, mas não avançavam em termos de uma análise fenomenológico-filosófica de suas raízes ou núcleos constituintes, ficando tão somente no âmbito de soluções ilusórias.

Nessa vertente já podemos vislumbrar aspectos que afastam Heidegger de Husserl. O primeiro busca decrever as modalidades da existência (do homem) e, ao efetuar essa descrição, vai desvelando formas de o ser humano ser nas manifestações mundanas. Interroga o ser, buscando compreendê-lo nas modalidades da existência. Husserl interroga a constituição da ciência europeia e, ao fazê-lo, vai penetrando nas profundezas dos atos da consciência, demorando-se na evidência, na percepção, na compreensão da própria consciência entendida como intencionalidade, na relação *noesis-noema*, nas esferas subjetivas, intersubjetivas e objetivas presentes nesse movimento todo da construção das regiões de inquérito da ciência. Portanto, aprofunda-se nas questões sobre a comunicação como empatia e linguagem, e avança na compreensão da consciência, que sempre é consciência de algo. Significa, no contexto de sua obra, que ela é situada, contextualizada.

Heidegger descreve o ser no mundo, assumindo-o em suas manifestações, descrevendo o "em torno" da problemática. Husserl coloca-se na busca da compreensão dos atos da consciência, que inquietam os que interrogam a própria constituição do conhecimento do mundo e perseguem o sentido de realidade.

Com os trabalhos da década de 1930, quando lança mão das concepções de Lebenswelt e de "horizonte", Husserl explicita que o contexto da consciência solicita o solo-horizonte em que a percepção da totalidade do mundo ocorre de maneira orgânica e harmônica. A percepção, como primado do conhecimento para a Fenomenologia, afasta-se então em definitivo da possibilidade de ser compreendida como ato subjetivo. Explicitamente é dito que se dá no solo-horizonte, onde estão os cossujeitos com quem se é no mundo. É um ato revelador da presença do que se mostra em perfis ou dos perfis visualizados.

O corpo-próprio, corpo-encarnado, entendido como intencionalidade motriz e ponto zero a partir do qual as perspectivas se alinham na visibilidade do que se mostra, assume importância na obra husserliana, uma vez que contém as ideias de materialidade do espírito, de intencionalidade, bem como se revela como possibilidade de descrever a constituição do outro com base no eu.

Maurice Merleau-Ponty retoma os escritos de Husserl e busca compreender as consequências filosóficas que advêm de se admitir a percepção como primado do conhecimento. Sua obra aprofunda a busca de compreensão da percepção e, nisso, entrelaça as questões do corpo-próprio como materialidade intencional, das expressões do percebido, avançando em compreensões sobre a linguagem, o conhecimento proposicional e o pré-predicativo. Este último é importante para compreendermos a união entre o percebido e o compreendido, mas num nível de apreensão ainda não elaborado em linguagem proposicional.

Merleau-Ponty assume a busca pela compreensão dos atos da consciência, enfatizando sua materialidade e as expressões do percebido e desdobrado em atos noéticos e noemáticos, as quais podem ocorrer por gestos ou modalidades não características da linguagem proposicional, que, porém, expressam, referem o que foi visto (compreendido).

Avança em questões da Psicologia, procedendo, como Husserl, a uma análise das teorias psicológicas existentes no seu tempo, notadamente as Psicologias empirista e intelectualista. Apresenta uma discussão importante sobre os fundamentos das concepções dessas teorias e propõe um enfoque fenomenológico que abrange a indissociabilidade entre corpo e espírito, presente na concepção cartesiana. Essa indissociabilidade se mostra na intencionalidade do corpo-próprio que sempre está no mundo efetuando uma ação, cujo significado se dá a compreender pela situação, entendida como o lugar onde há algo a fazer.

A intencionalidade não é vazia, mas preenchida com movimentos dirigidos, de modo harmonioso, ao espetáculo da totalidade percebida na profundidade do solo-horizonte que se apresenta como um convite às ações efetuadas, estabelecendo-se um pacto que possibilita ao sujeito apoderar-se do espaço, e às coisas exercerem poder sobre o corpo-próprio.

As investigações efetuadas pelo FEM trabalham ora com um autor, ora com outro, de acordo com a interrogação perseguida. Há trabalhos que privilegiam o nível pré-predicativo das compreensões e respectivas expressões; outros que destacam o ser no mundo, por exemplo, o modo de ser do professor com o aluno em aulas de Matemática; outros que focam a experiência vivida na espacialidade e na temporalidade; outros que buscam as raízes, o núcleo ou Ursprung das ideias. No entanto, todos consideram a indissociabilidade entre espírito e matéria, entre o eu e o outro, bem como o movimento da subjetividade, da intersubjetividade e da objetividade. Esse movimento se faz na materialidade da realidade constituída pela rede de significações em que as expressões da linguagem são importantes, tanto quanto a tradição mediante a qual ideias, concepções e intencionalidades individuais se juntam e se entrelaçam na dimensão cultural e histórica em que o outro individualmente, os outros e as outras culturas estão presentes numa totalidade orgânica, porque solo-horizonte do espetáculo do mundo-vida.

Maria Aparecida Viggiani Bicudo
Rio Claro, 9 de janeiro de 2008

Parte I

Fenomenologia em Filosofia da Educação Matemática

Capítulo 1

Filosofia da Educação Matemática segundo uma perspectiva fenomenológica

Maria Aparecida Viggiani Bicudo

Explicitando significados da Filosofia da Educação Matemática

A tarefa da Filosofia da Educação Matemática é manter vivo o movimento de ação/reflexão/ação nas atividades realizadas e atualizadas em Educação Matemática, sejam elas de ensino e de aprendizagem, que ocorrem no âmbito escolar, sejam as que ocorrem no mundo-vida,[1] cotidianamente, ou mesmo as concernentes às políticas públicas da Educação, além de outras atividades aqui não mencionadas, mas que cabem no que chamamos de Educação Matemática ou a ela se referem.

---

1 Mundo-vida, traduzido da palavra alemã Lebenswelt, ou mundo da vida, como a maioria dos autores de língua latina traduzem o termo, é entendido como a espacialidade (modos de ser no espaço) e a temporalidade (modos de ser no tempo) em que vivemos com os outros seres humanos e os demais seres vivos e a natureza, bem como com todas as explicações científicas, religiosas e de outras áreas de atividades e conhecimento humano. Mundo não é um recipiente, uma coisa, mas um espaço que se estende à medida que as ações são efetuadas e cujo horizonte de compreensão se expande à medida que o sentido vai se fazendo para cada um de nós e a comunidade em que estamos inseridos.

Todo educador matemático familiarizado com o mundo dos debates sobre Educação e pesquisa em Educação Matemática poderia questionar a afirmação anterior, indagando: mas isso não é o mínimo que solicitamos de todos os professores e pesquisadores em Educação Matemática? Já não é o que o professor Nóvoa (1992)[2] vem dizendo desde 1990, repetindo o refrão ação/reflexão/ação *ad nauseum* por outros professores e pesquisadores?

Esses questionamentos são válidos, uma vez que se exige que todo educador, e não menos em relação ao pesquisador, tenha ciência do que está fazendo e reflita sobre suas ações, em termos éticos, epistemológicos e científicos. Essa reflexão se dá numa atitude de responsabilidade profissional. Exige conhecimentos mais abrangentes em relação ao próprio campo de trabalho, olhado em termos de região de inquérito. Quer dizer, por exemplo, que, ao ensinar Matemática ou pesquisar áreas da Educação Matemática, como Didática da Matemática, Psicologia da Educação Matemática, História da Educação Matemática, Tecnologias em Educação Matemática, formação de professores de Matemática, e outras mais, há que se conhecer também temas filosóficos que amparem as ações educadoras e investigativas.

Entretanto, é importante fazer aqui uma distinção entre o campo de conhecimento que um pesquisador em Educação Matemática deve dominar para efetuar seu trabalho e a postura que deve manter perante a área de trabalho. O fato de alguém conhecer Filosofia e agir considerando análises críticas e reflexivas ao trabalhar com Educação Matemática não significa que seja um pesquisador e professor de Filosofia de Educação Matemática. Do mesmo modo, conhecer tópicos sobre cognição, estudados pela Psicologia da aprendizagem ou pela Psicologia da cognição, não significa que o pesquisador de Filosofia da Educação Matemática tenha como tema, por exemplo, os aspectos cognitivos.

A Filosofia da Educação Matemática tem como foco de estudo a própria análise reflexiva e crítica da produção em Educação Matemática, seja ela tomada no plano do ensino ou da pesquisa. É como a Educação Matemática e todas as suas regiões de inquérito: uma área que solicita investigação inter, multi e transdisciplinar. Mas não devemos nos esquecer de que esses termos pressupõem a existência de disciplinas que aprofundem as respectivas temáticas e especifiquem procedimentos (Bicudo, 2008), conforme já afirmamos. Assim sendo, a Filosofia da Educação Matemática trabalha

2 António Nóvoa, professor da Universidade de Lisboa.

multidisciplinarmente, valendo-se de estudos da Psicologia, da Antropologia, da Matemática, da História, da Sociologia, enfim, daqueles eixos de conhecimento que forem chamados a contribuir com os assuntos trabalhados. Porém, o foco de investigação é específico a determinada interrogação: "O que é?", aqui traduzida como: "O que é isto, a Educação Matemática?"; "O que é isto, a Matemática?", "O que é isto, a Educação?"; "Como se conhece isto que é?", ou seja, questões referentes à epistemologia e ao conhecimento. Nesse caso, são questionados temas como "verdade", "absoluto", "relativo", "objetivo" e outros que dizem respeito ao modo de se conceber o conhecimento e seus fundamentos.

No caso específico da Educação Matemática, são temas que indagam, por exemplo, sobre a verdade da qual a ciência matemática ou a Educação Matemática lança mão. Neste último caso, poderia ser questionada a verdade da avaliação de um processo de aprendizagem: "O que vale isto que é?", e essa pergunta encaminha a análise para as questões de valores, que abrangem também as ideologias, as avaliações e os respectivos juízos de valor. Essas são interrogações que, de modo tradicional, pertencem à Filosofia do mundo ocidental desde seus primórdios. São interrogações do âmbito da Ontologia, da Gnosiologia e da Ética.

De maneira mais próxima, a Filosofia da Educação Matemática trabalha com a Filosofia, a Filosofia da Matemática, a Educação e a Filosofia da Educação. Delas se diferencia por ter como foco de interesse a própria multidisciplinaridade da Matemática e da Educação, embora trabalhe segundo os procedimentos característicos da Filosofia e com as interrogações filosóficas dirigidas a essa área multidisciplinar.[3]

Os procedimentos da Filosofia, caracterizados como abrangência, sistematicidade das análises críticas e hermenêuticas, e pelo trabalho de reflexão constante, são tomados como norte também na investigação efetuada pela Filosofia da Educação Matemática. São princípios de procedimentos, os quais ganham nuanças e formas de acordo com as próprias concepções de mundo e de conhecimento presentes nas escolas ou linhas filosóficas assumidas.

3 Consideramos importante apresentar ao leitor títulos de Filosofia de Educação Matemática conhecidos por aqueles que trabalham com Educação Matemática: Blaire (1981); Hanna (1983); Ernest (1991); Ole Skovesmose (1993); Bicudo e Garnica (2001). Há que se mencionar, ainda, os trabalhos que vêm sendo levados ao público desde o II Seminário Internacional de Pesquisa em Educação Matemática (Sipem), constituído na Sociedade Brasileira de Educação Matemática (SBEM) pelo Grupo de Trabalho 11 (GT 11) – Filosofia da Educação Matemática.

Assim, se os investigadores se valerem da filosofia platônica e dos respectivos modos de conceber a realidade e chegar ao conhecimento verdadeiro, a trajetória de suas pesquisas terá tais concepções como fundo, mantendo os princípios dos procedimentos filosóficos.

No título deste capítulo já anunciamos a proposta de fazer Filosofia da Educação Matemática conforme uma abordagem fenomenológica, isto é, afirmamos que será levada em conta a visão de mundo e de conhecimento presentes no movimento do pensamento fenomenológico, e que trabalharemos de modo sistemático, efetuando uma crítica radical com base em suas raízes e hermenêutica, seguida de reflexão que levará à metarreflexão da investigação efetuada.

Como fazemos Filosofia da Educação Matemática, é necessário explicitar os passos dados a fim de tornar claro o movimento da ação/reflexão/ação.

Por que Fenomenologia?

A Fenomenologia, que é uma escola filosófica, tem como cerne a busca do sentido que as coisas que estão à nossa volta, no horizonte do mundo-vida, fazem para nós. É essa busca de sentido que faz a diferença e se coloca como significativa, em especial no contexto da Educação. No caso da Educação Matemática, há uma diferença entre se tomar a Matemática como fato,[4] ou seja, como um dado enunciado em termos científicos, e compreender o sentido desse fato ou desse enunciado. Tal compreensão pode se dar em níveis diferenciados da experiência vivida, nos próprios atos realizados, em seus desdobramentos e expressões.

No primeiro caso, faz sentido trabalhar com a Aritmética e com a Geometria, por exemplo, em termos de linguagem, proposições, métodos de construção, modos de raciocínio indutivos e dedutivos, modos de geração de produtos, modos de operar suas grandezas, análises de semântica, possibilidades de aplicação, e assim por diante. Ou seja, faz sentido ensinar conteúdos, significados semânticos, operações e possíveis aplicações. Essa é uma postura científica, pautada na maneira de se fazer ciência, no caso, Matemática. Ela é o cerne, o fato. No segundo caso, importa buscar o sentido que a Aritmética e a Geometria, com seus modos de ser, faz para a pessoa e o mundo-vida em que ela habita, bem como para aquele da Matemática, da ciência e da tecnologia em geral.

4 Fato significa ação ou coisa que se considera feito, o que ocorre por causas naturais ou não; algo cuja existência pode ser constatada de modo indiscutível (cf. Houaiss, 2001).

Essa é a diferença entre o que denominamos postura positivista, ou, como o próprio Husserl[5] diz, naturalista, e fenomenológica. A positivista trabalha com fatos. Esse autor a denomina de atitude natural, porque, no exemplo enfocado, não pergunta o que é uma operação matemática; apenas a faz. Na fenomenológica, a operação matemática é percebida e pode ser compreendida nos atos atualizados do movimento da consciência,[6] de modo atento, consciente, ou apenas como uma "síntese passiva",[7] pela pessoa que a efetua.

Como educadores matemáticos, cuidamos para que faça sentido nosso trabalho com os alunos. Certo, é preciso que saibamos (professores e alunos) o que estamos fazendo, portanto, que conheçamos as operações efetuadas, o discurso do texto matemático e sua linguagem proposicional e técnica, bem como respectivas aplicações. Mas, além disso, perseguimos o sentido que o conhecimento faz para nós, alunos e professores, pessoas presentes à situação de ensinar e de aprender, e para a região de inquérito da ciência, ou seja: que significado se revela na investigação do solo histórico.

Como pesquisadores e educadores, assumimos a postura fenomenológica e buscamos fazer e compreender a Filosofia da Educação Matemática segundo uma perspectiva fenomenológica. Isso implica seguirmos a trajetória do pensar fenomenológico, mostrando os passos que nos conduzem às explicitações do que está sendo compreendido e interpretado ao atualizarmos movimentos de análise crítica e reflexiva, e, ao efetuarmos o movimento da transcendência[8]

---

5 Husserl faz uma distinção entre atitude natural e atitude fenomenológica. Na primeira, tomam-se os fatos tais como são definidos ou considerados na sua fatualidade. Na atitude fenomenológica, o fato é já compreendido como percebido e, por isso, como veremos mais adiante neste capítulo, está sempre no âmbito de inclusão da consciência. Sobre esse assunto, ver Husserl (1995).

6 A consciência é compreendida como um movimento intencional, efetuado pelo corpo-encarnado, ao ir em direção ao focado como figura destacada do fundo, da totalidade em que sempre estamos com os outros.

7 Cf. os simples e esclarecedores dizeres de Ales Bello, que servem de introdução ao pensamento de Husserl: síntese passiva é o movimento pelo qual reunimos elementos sem nos dar conta do que estamos fazendo. É um caminho anterior à percepção percebida, ou ao Erlebnis. Ver Bello (2006). Para um estudo aprofundado do tema "síntese passiva", ver Husserl (1998).

8 Em fenomenologia, diz-se transcendência o ato de perceber e intencionalmente, portanto de modo atento, consciente, voltar sobre o percebido em busca de seu sentido. É sempre transcendência intencional, que solicita atos de reflexão. Atos esses que possibilitam "saltos" de sínteses, que reúnem compreensões e interpretações em "todos" os que se mostram em diferentes perspectivas. O próprio ato de perceber traz em si a transcendência e imanência, ou seja, mostra a coisa percebida, na perspectiva do visto, e insinua o que não está mais ali, o ausente.

disso que é compreendido, interpretado e já olhado no contexto do mundo-vida, avançar em direção à metacompreensão.

É uma trajetória que nos faz avançar em termos de compreensão do realizado e de quem efetua o realizado, isto é, do que fazemos e de nós mesmos como seres humanos individuais e como seres que produzem cultura e constroem/criam a realidade mundana. Significa que no movimento do pensar fenomenológico vamos em concomitância compreendendo as produções humanas numa dimensão antropológica, na dimensão da própria produção e na das vivências psíquicas. Estas se abrem à compreensão da cognição e à compreensão da nossa dimensão espiritual,[9] concernente aos atos de decisão, reflexão e pensamento. É importante compreender que Husserl (Bello, 2006) fala de dimensões da pessoa em termos de corpo, nível psíquico e plano espiritual, porém todas encarnadas, ou seja, materializadas no que ele denomina de corpo-encarnado, que, segundo Merleau-Ponty, é o corpo-próprio, tematizado na *Fenomenologia da percepção* (Merleau-Ponty, 1994).

Mas até aqui não explicitamos o que entendemos por "sentido",[10] e, mais que isso, o que entendemos por Fenomenologia.

---

9 A dimensão espiritual abrange os atos decisórios, por exemplo. Assim, trabalha com a dimensão de valores éticos e estéticos. Importante dizer, desde já, que são sempre atos que se dão no corpo-próprio, portanto encarnados, e que as dimensões mencionadas jamais são vistas como instâncias separadas, e sim constituam uma totalidade.

10 No § 55 do *Ideias* (Husserl, 2006) há a afirmação de que toda realidade é por doação de sentido. Quer dizer que as unidades de sentido pressupõem uma consciência doadora de sentido, sendo, portanto, intencionais. Trata-se de unidades da realidade experienciada. Realidade e mundo são designações para certas unidades de sentido válidas. O próprio mundo em sua totalidade possui certo sentido que pressupõe a consciência, campo de doação de sentido. Sentido cobre toda a esfera noemática, desde a dos atos da consciência à sua camada não expressiva. Essa camada se refere à dos atos noemáticos em movimento, que vai em direção à expressão, a qual já engloba o logos, não mais em estado nascente, mas com alguma articulação ou com articulação já avançada. No § 124 de seu *Ideias*, Husserl (2006) fala em significar e significação. Diz que há ambiguidades quando se fala em significação e expressão. Embora a princípio tais palavras se referissem apenas à esfera linguística, da expressão, o autor considera importante ampliar o que essas palavras dizem, de modo que significação possa ser aplicada a toda a esfera noemática, abrangendo todos os atos, entrelaçados ou não com os expressivos. A verbalização é expressão porque a significação a ela correspondente exprime, diz, comunica. Expressão é "forma'" que pode se ajustar a todo e qualquer sentido, ou seja, ao núcleo noemático, e alçá-lo ao reino do logos, do conceitual, do geral. Em termos da voz passiva do verbo, sentir leva a poder falar do que foi sentido, percebido, intuído. Aqui temos uma imediaticidade possível entre experiência vivida e o sentido. Porém o sentido, que se faz no movimento dos atos noemáticos, é intencional, faz-se em direção da busca de algo. Do quê? Do sentido. Paradoxal? Complexo? Círculo vicioso? Entendemos sentido como abertura: sentido não mais como ato (voz passiva) de

Do significado de Fenomenologia

Embora seja comum nos livros introdutórios à Fenomenologia explicitarem seu significado, consideramos que, mesmo correndo o risco de ser repetitivos, é importante fazê-lo, pois pode ser que alguns leitores não tenham lido a respeito. Fenomenologia é uma palavra composta por fenômeno + *logos*. Fenômeno, cujo significado é o que se mostra, o que aparece, e *logos*, entendido como pensamento, reflexão, reunião, articulação. Portanto, Fenomenologia pode ser tomada como a articulação do sentido do que se mostra, ou como reflexão sobre o que se mostra.

Aparentemente, uma explicação simples em termos etimológicos, porém complexa se perguntarmos: o que se mostra e como se mostra isso que se mostra? A quem se mostra? Onde se mostra o que se mostra?

O que se mostra está ligado ao mundo físico, fenomênico,[11] mas também à subjetividade daquele a quem se mostra. O mundo está aí, é o espaço onde somos, estamos em ação e onde estão as coisas – físicas, conjunto de situações etc. A Fenomenologia aceita a realidade do mundo; não a coloca sob suspeição, isto é, não duvida dessa realidade considerada fenomênica. O fenômeno é o que é visto disso que se mostra. Nós o compreendemos como o encontro entre quem olha com atenção e o que é visto.[12]

---

sentir, mas como articulações (atos noemáticos, portanto intencionais) dirigidas para que se possa dar conta do que se percebeu, sentiu, intuiu. Compreendemos que falamos de sentido (Sinn) de modo diferente ao focarmos o fluxo do movimento de busca de sentido e significações; de tomar significados do pensamento teórico e de efetuar movimentos de vivificá-los com atos de significação mediante experiências expressivas. Merleau-Ponty diz que é preciso reconhecer, antes dos atos de significação (Bedeutungsge-bende Akten) do pensamento teórico e tético, as experiências expressivas (Ausdruckserlebnisse); antes do sentido significado (Zeichen-Sinn), o sentido expressivo (Audrucks-Sinn); antes da subsunção do conteúdo à forma, a "pregnância" simbólica da forma no conteúdo (Merleau--Ponty, 1994, p.391). A percepção nos abre um mundo já constituído, mundo esse que se oferece como anterior à nossa percepção. Porém, não nos limitamos a registrar o percebido. Buscamos engendrá-lo de modo que nos faça sentido. "O sentido do percebido já é a sombra transposta das operações que preparamos para executar sobre as coisas, não é senão nosso cálculo sobre elas, nossa situação em relação a elas" (Merleau-Ponty, 2002b, p.33). Zeichen-Sinn na referência anterior está traduzido como sentido significado. Talvez fosse mais apropriado traduzi-lo por sentido e sua expressão ou modo de mostrar-se.

11 Fenomênico(a) significa o que está no mundo físico, mas que ainda não foi vivenciado ou percebido e, portanto, abarcado pela consciência, mostrando-se como fenômeno.

12 Trata-se do par *noesis-noema* mencionado por Husserl em suas diferentes obras. *Noesis* se refere ao ato intencional; *noema*, ao que é enlaçado por esse ato. Por exemplo, tem-se uma

Esse encontro é o momento da percepção que não é apenas subjetiva, uma vez que é um ato intencional da consciência pelo qual a coisa vista é enlaçada e, desse modo, levada à consciência como sentido percebido no ato da percepção ou na vivência. Trata-se de um ver imediato, entendido como intuição do que é isto que se vê. É um ver com sentido, uma vez que o visto é compreendido na totalidade, isto é, em sua figura, ou núcleo, e em seu fundo, entorno ou contexto. Não se trata de um raciocínio relacional, mas de uma compreensão do eixo todo/parte. Na percepção, o que se mostra, mostra-se sendo, como uma verdade dada no modo de ser presente, ou forçando o modo de dizer em sua "mostração". Esse é um modo de verdade que não é intelectual, fruto de raciocínios comparativos e encadeamentos lógicos, por exemplo. Apenas uma verdade compreendida como presença.

O ato de perceber uma coisa ocorre de diferentes maneiras e de acordo com as possibilidades dos sentidos. Perceber uma coisa é vê-la, cheirá-la, tocá-la. Esses exemplos mostram diferentes atos, que permitem identificar características e qualidades diversas do que é percebido. Husserl não trata a percepção de modo abstrato, como uma ideia que viria reunir diversas sensações, ou o que é sentido sensorialmente, mas a focaliza no modo como se dá numa experiência corpórea, vivenciada pelo corpo-encarnado, que ele denomina *Leib*, diferenciando-o de *Körper*.[13] Desse modo, por ser um ato carnal, a percepção é temporal e espacial, dá-se sempre no mundo-vida que se mostra com uma materialidade quase carnal, num horizonte tido como solo das experiências vivenciadas, expressas, veiculadas pela tradição, amalgamadas em sentidos e significados, perpassando mundos histórico-culturais.

Uma vez efetuado o ato de perceber, o fenômeno se mostra e o que foi percebido é enlaçado pela intencionalidade e desdobrado em compreensões mediante atos da consciência, tais como recordar, imaginar, fantasiar, comparar, raciocinar, analisar, refletir, organizar, articular, expressar. Antes de avançarmos, destacamos dois termos para serem explicitados, visando adentrar o pensamento fenomenológico: consciência e ato. Aliás, ambos são nucleares a esse pensamento.

Os atos indicam ações. Ações que efetuamos, ações que vivenciamos. Deles falamos como experiências vividas. Notemos a expressão em termos de

árvore. Ver a árvore é um ato da consciência, portanto intencional. Trata-se da *noesis*. O visto, a árvore, é o *noema*.

13 *Leib* significa corpo com movimento intencional. *Körper* se refere ao corpo físico.

reflexividade, indicando um ato do qual nos damos conta.[14] Já a consciência é entendida como movimento de expandir-se, como intencionalidade, que quer dizer modo de ser intencional. Intencional vem do latim *intendo, tendi, tentum, tentere,* e significa tender numa direção, estender, tornar atento, sustentar, dar intensidade, afirmar com força (Gaffiot, 1934). Portanto, *consciência* não é um lugar físico onde estão os princípios de valor, ou um recipiente onde são colocados julgamentos etc. A consciência é como um ponto de convergência das operações humanas, que nos permite dizer o que estamos dizendo ou fazer o que fazemos como seres humanos (Bello, 2006). Dada a sua característica de intencionalidade, nós a compreendemos também como se estendendo a algo, enlaçando-o e trazendo-o para si, a fim de avançar, mediante seus atos, e expressá-los por meio de um sentido articulado. Desse modo, temos os atos perceptivos, que nos dão um primeiro nível de consciência. É como se fossem uma abertura do sentido à possibilidade de uma compreensão mais elaborada, refletida. Esta, por sua vez, seria aberta pelos atos reflexivos, entendidos como um segundo nível. São atos sobre a ação efetuada.

A consciência, portanto, é entendida como convergência das operações humanas. Assim, é por si só um movimento que atualiza, efetua os atos, e que articula o sentido desses atos, ou seja, efetua o processo reflexivo. É o movimento de dar-se conta, de estarmos atentos ao que fazemos e ao que ocorre. Enlaça os atos de perceber, de refletir, tanto sobre o que está sendo percebido como sobre o si mesmo daquele que efetua esses atos, isto é, o ser humano e os modos pelos quais o produto das operações desses atos é comunicado, ou seja, sobre a comunicação entre pessoas. Esta abrange a empatia e a linguagem.

Como ocorre o movimento de "dar-se conta de"? A quem é comunicado o que é operado? Como se mantém o que é comunicado? Que produto é esse?

---

14 Vamos nos valer de uma explicação de Ales Bello (2006), por ser bastante elucidativa. Ele afirma que o termo ato está também expresso em Husserl pela palavra alemã de raiz latina, *akt*. Diz que Husserl utiliza ainda outra palavra que só existe em alemão, *Erlebnis*, formada por três partes e cuja raiz interna, leb, significa vida. O ver e o tocar são atos, mas são chamados de *Erlebnis*, que é um substantivo e que, segundo a autora, pode ser traduzido por vivência.

Dando-se conta, ou os atos intencionais em movimento

Enfatizamos que a Fenomenologia tem por cerne a busca do sentido que o mundo faz para nós. Perseguir o sentido é um movimento que ocorre de maneira intencional. Quando estamos atentos, tendemos ao que está sob o foco da nossa atenção, numa atitude de trazê-lo pela percepção à esfera dos atos intencionais. Estes são atos que trazem o percebido para a consciência, que avança em outros atos, processando atos cognitivos. Somos corpos-encarnados em cuja motricidade a intencionalidade já se manifesta e cuja materialidade o coloca sempre em situação com o que o envolve. Entretanto, não se funde nem se desfaz no "entorno"; apenas convive ("com-vive"),[15] efetuando suas possibilidades de ser.

Dentre as possibilidades, há a de prestar atenção, ficar atento. Como isso ocorre? Destacando do "entorno", ou do fundo, a figura que vem ao encontro do olhar interrogador. Esse é o ato de colocar em *epoché*,[16] ou em suspensão, o intencionado, para que possamos compreendê-lo nos aspectos importantes ou característicos. Estamos sempre efetuando a *epoché*, uma vez que não lidamos com a totalidade de uma vez só, mas a temos como fundo em relação ao qual a figura adquire contornos. Consideramos esse ato primeiro de colocar em destaque a figura já como uma *epoché*, embora ainda não analisada e posta sob crítica radical, o que significa que não é uma *epoché transcendental*, tal como aparece nas obras de Husserl. A relação figura-fundo é fluida, os contornos são visíveis e invisíveis. Seu delineamento é configurado pela atitude de busca intencional.

Nesse movimento, o visado, posto entre parênteses, já é percebido. A percepção[17] é um ato de entrar em contato com o que se mostra como presença, ou seja, como percebido no agora, de forma direta e total; esse ato efetua o encontro do olhar e do visto, isto é, da *noesis* e do *noema*. Ocorre no

15 Colocamos o termo "com-vive" escrito desse modo para indicar o ato de viver junto, isto é, com o outro.

16 *Epoché*, também chamada de redução ou ato de colocar em evidência. Refere-se a dar destaque ao que está sendo interrogado, de maneira que os atos da consciência constitutivos da geração do conhecimento sejam expostos. Husserl (Kern, 1977) trabalha a redução de diferentes modos em suas obras e às vezes numa mesma obra. Denomina-as de redução transcendental, redução fenomenológica e *epoché*.

17 Percepção é um tema enfocado por Husserl e Merleau-Ponty em diferentes obras. Este último autor dedica toda uma investigação publicada como Fenomenologia da percepção a esse assunto (Merleau-Ponty, 1994). Ver Bicudo (1991).

corpo-encarnado em sua ação de tender para o focado e, nesse movimento, leva o enfocado, como percebido, à esfera subjetiva, de tal modo que os atos intencionais se desdobram, tendo como conteúdo o percebido. O percebido vem como destaque e como fundo. Como o visto na profundidade do fundo de onde se destaca. Dessa maneira, o "entorno" e o que aí está, coisas, pessoas etc. são enlaçados por esse movimento.

A percepção nos dá verdades como presença (Merleau-Ponty, 1994). Por que "verdades" e por que "presença"? Verdades porque o percebido mostra-se de modo claro, no momento em que a percepção está ocorrendo. Numa dimensão existencial, não há dúvida sobre os atos de ver e o visto nesse ato. Presença, pois essa clareza dá-se no agora. Não persiste no nível de conhecimento possibilitado pela percepção. Pede por desdobramentos que podem ou não ocorrer. Quando ocorrem, concernem aos atos intencionais efetuados pela consciência.

A intuição é esse "ver claro", aberto como possibilidade pela percepção. Nesse nível, trata-se de uma intuição sensorial que, se desdobrada pelos atos da consciência, avança em termos de pensamento em movimento. Esse movimento pode abarcar diferentes atos, por exemplo, pegar, unir, comparar, expressar, refletir. O de refletir leva-nos a nos dar conta do que fazemos. Esse "dar-se conta" é a consciência de algo (Bello, 2006). Assim, podemos compreender a intuição sensorial como dada na experiência vivida diretamente, como ocorrência individual.

Olhar de modo intencional para o compreendido nas ocorrências individuais e seus desdobramentos, incluindo sua expressão e comunicação intersubjetiva,[18] conduz a busca por invariantes, ou seja, pelo que é comum ao compreendido em cada uma das experiências, de maneira que é possível colocar isso que é comum em *epoché*, efetuando-se mais uma redução, agora denominada transcendental, porque fruto de reflexão.[19] Trata-se de um ato de abstração, unindo o comum e separando o diferente dentre as experiências vividas enfocadas. Nesse movimento, vamos em direção à "intuição essencial", entendida como evidência, como ver claro, mas agora em outro nível, diferente daquele da intuição sensorial. Estamos, portanto, no nível da intuição essencial. Ela nos faz ver o característico, o comum, o essencial

18 A intersubjetividade será tratada em item posterior e específico. Mas antecipamos que se trata da esfera constituída pela comunidade de cossujeitos, presentes no mundo-vida.

19 Pela redução transcendental, os atos da consciência expõem-se, ou seja, toma-se ciência deles, de modo que, pela reflexão presente na redução, são explicitadas as raízes cognitivas das afirmações efetuadas ou do produto dos atos intencionais.

das diferentes experiências individuais vividas. Essa evidência é possibilitada pela abstração intencional, isto é, pela abstração intencionalmente efetuada. Nesse ato, há um dar-se conta do que se está buscando, o qual é também denominado "intuição eidética".[20]

No âmbito da Fenomenologia husserliana, esse movimento, que vai da percepção, da intuição sensorial, à intuição eidética, é efetuado por reduções sucessivas, agora denominadas reduções transcendentais, e nos conduz à estrutura do fenômeno, também denominada essência do fenômeno. Para ter maior clareza de que essa é a estrutura do fenômeno, é sugerido que procedamos à "variação imaginativa", que é o procedimento intencional de imaginar outras maneiras de o núcleo estrutural, constituído ao longo das reduções, poder ser, trabalhando na esfera do "como se". É um procedimento que mostra se o núcleo estrutural, tal qual delineado, se mantém ou não. Por exemplo, suponhamos que diferentes experiências vividas sobre o ato de aprender apontem o invariante memória. Nesse caso, teríamos que a aprendizagem de uma ideia explicitada na investigação em pauta se manifesta pela memorização. Pela variação imaginativa exclui-se a memorização e indaga-se se podemos ainda afirmar que há aprendizagem. Se pudermos, significa que a memorização não é uma invariante do fenômeno aprendizagem.

Esses atos e movimentos serão retomados nos itens subsequentes, em diferentes passagens, à medida que forem sendo solicitados pelo texto ora em construção.

Subjetividade, intersubjetividade e objetividade

Subjetividade, intersubjetividade e objetividade são três aspectos de um mesmo movimento, o que significa que não se trata de instâncias ou esferas separadas e hierarquizadas. Porém, são dimensões de uma totalidade que, em seu dinamismo, vai entrelaçando sentidos, processos de atribuição de significados, significados explicitados pela linguagem, mantidos pela escrita e pela tradição, na materialidade cultural, constituindo um solo histórico. Estão imbricadas uma na outra.

20 Eidética vem de *eidos*, que significa essência. Em Fenomenologia, como abordado neste livro ao longo dos capítulos, essência é entendida como invariante do percebido, sujeito a reduções e materializado pela linguagem, portanto histórica e culturalmente presente no mundo-vida.

A subjetividade não é em si uma mônada fechada, tendo prontas potencialidades que aguardam atos para ser atualizadas. Ela se constitui no movimento de abertura ao mundo-vida, levando o percebido à consciência e operando os atos que avançam na dimensão da compreensão e dos atos de expressão.

A intersubjetividade não é uma soma de subjetividades que forma uma comunidade. É constituída por atos de empatia e na dimensão da comunicação efetuada no corpo-encarnado e explicitada de maneira mais organizada, refletindo o *logos* e a estrutura linguística na linguagem. Ainda, é preciso já esclarecer que a percepção do outro, do outro que é o "não eu", dá-se de modo encarnado, na espacialidade e temporalidade do mundo-vida, quando o eu se percebe aqui ao mesmo tempo em que percebe o outro lá e, num movimento reflexivo, percebe-se como o outro lá daquele que para ele é o outro agora, percebido como o eu aqui desse outro, e compreende que o outro o vê do mesmo modo.

A objetividade não é um fato nem um objeto exato e externo à subjetividade que o pensa, mas é constituída no movimento da compreensão intersubjetiva e na respectiva manutenção dos modos culturais possibilitados pela tradição.

Com base nessa introdução rápida, explicitaremos mais cada um desses aspectos.

A subjetividade se caracteriza por apresentar atos com qualidades diferenciadas. Há a dimensão da corporeidade que é encarnada e efetua movimentos, experienciando o espaço e percebendo localizações próximas ou distantes de obstáculos físicos, por exemplo. A corporeidade abre-se ao mundo mediante atos sensórios, dentre os quais o tato, que permite registrar os limites do corpo-próprio e do dos outros, pessoas ou não.

A percepção de que temos um corpo pauta-se pela análise dos registros dos atos que efetuamos. Isso nos coloca na dimensão do psíquico, quando podemos enfocar os atos psíquicos,[21] de caráter psicológico, abrindo um imenso campo de investigação que solicita atenção especial. São atos concernentes às ações de registrar, comparar, fantasiar, abstrair, tocar, ouvir, e assim

21 Os atos psíquicos são compreendidos no contexto das aulas de Franz Brentano, frequentadas por Husserl, e base de seu trabalho sobre a importância desses atos na constituição do conhecimento da Aritmética. Posteriormente, durante sua vida, compreende que a Aritmética não pode se embasar apenas nesses atos. Avança, como veremos adiante, nas questões da intersubjetividade e da objetividade, dos atos abstrativos, da constituição das idealidades, compreendendo, de maneira mais elaborada e abrangente, a constituição do número e de outras idealidades matemáticas.

por diante. Além desses, há atos que também se diferenciam dos psíquicos e que são subjetivos. São aqueles, por exemplo, de perceber-se percebendo, ou seja, de perceber-se em ação. Significa que há atos que refletem sobre os atos que estão sendo atualizados.

Estamos na dimensão dos atos reflexivos. A vivência da reflexão instala o ato de nos dar conta de nós, do que estamos fazendo, e realiza atos de decisão e avaliação. Essa é a dimensão do espírito. Os atos espirituais são efetuados pelo corpo-próprio, que é, portanto, como já mencionado neste capítulo, encarnado. Em Fenomenologia, ao falarmos de subjetividade, estamos abarcando as dimensões do corpo-próprio, dos atos psíquicos e do espírito.

Essa subjetividade, porém, já se lança e abrange a circunvizinhança do que está no mundo-vida, incluindo o outro, o não eu percebido como outro, uma vez que não é esse corpo que percebo andando, sentindo, agindo. Como já dissemos antes, a subjetividade não é fechada em si, mas vai se constituindo ao se expandir para o visado e efetuando atos que se mostram como tentáculos que levam e trazem a percepção e o percebido. Esses atos se mostram qualitativamente diferenciados. Perceber a nuança de uma cor é um ato diferente, em termos qualitativos, de perceber a frieza de uma pedra de gelo, a firmeza de uma pedra, a presença de uma pessoa.

O ato que efetua a percepção da outra pessoa é designado de empatia ou entropatia.[22] A peculiaridade desse ato está em sentir de imediato que estamos em contato com outro ser humano semelhante a nós. Como ato perceptivo, a empatia nos dá a compreensão da existência do outro. Não é um ato de sentir simpatia, mas tão somente de perceber o outro ser humano como ser que vive na dimensão em que vivemos: como consciência intencional. No nível psíquico, ocorrem atos psíquicos como repulsão, atração, simpatia, antipatia. A empatia é o ato que nos abre o mundo da intersubjetividade.

Esse é um mundo complexo: o mundo da cultura e da história que se abre. A empatia não dá conta de todos os atos solicitados pelo mundo da intersubjetividade. Há uma demanda de explicitar-se o articulado nos atos intencionais, mediante um meio de comunicação que não se limite aos gestos de simpatia e de antipatia, por exemplo, e que seja suficientemente estruturado para conseguir manter o comunicado na dimensão histórica e cultural. Essa forma estruturada é construída mediante as experiências vividas entre humanos num espaço de cossujeitos, companheiros de situações

22 Ales Bello (2006) faz breve exposição sobre a empatia e se refere aos estudos de Husserl e de Stein sobre o tema.

que, mediante compreensões e respectivas comunicações bem-sucedidas, vão estabelecendo maneiras comuns de expressão e comunicação.

Estamos falando do mundo da linguagem, que vai transcendendo o da comunicação gestual e direta, e entrando no das estruturas lógicas da linguagem,[23] isto é, no da comunicação linguística. Empatia e linguagem são cernes da comunicação e, portanto, da possibilidade de o mundo intersubjetivo manter-se de tal modo, que toda história, tradição, cultura, organização da sociedade encontram espaço e sustentação. Na linguagem, a expressão dos atos da consciência, por meio dos atos que atualizam expressões mediantes signos, encontra maneiras de se manifestar. Abre-se, então, o mundo da objetividade.

Vamos nos deter na constituição da objetividade, enfocando a princípio os atos da consciência em que essa constituição se dá e depois a maneira mediante a qual esses atos, que ocorrem na subjetividade, passam à intersubjetividade e se mantêm na objetividade. As raízes da objetividade se encontram nos atos da consciência, nos da intuição sensorial dada na experiência vivida diretamente com as ocorrências individuais e, também, na "intuição essencial", esta sendo entendida como o ver claro, ou a evidência, permitida pela abstração intencional.

Explicitemos um pouco mais essa noção de intuição essencial, pois ela é um dos pontos cruciais para a compreensão da constituição da objetividade dos objetos ideais, que, como veremos no próximo capítulo,[24] é a dos objetos matemáticos.

Abstrair é, já para os empiristas, um ato mental que origina ou traz à cena o processo de abstração. Esse processo, ao separar o diferente do igual, contribui para o ato de idealizar, ou seja, projetar formas sustentadas pelos aspectos abstraídos, abrindo espaço para a ocorrência da idealização. A abstração transcendental não é apenas um ato de separar, de reunir aspectos empíricos, mas de efetuar uma síntese intencional.

---

23 Estamos aqui nos referindo ao que Husserl expõe em *The Origin of Geometry* (Husserl, 1976), como estrutura linguística e da linguagem proposicional. Observamos que o título atribuído por Husserl a esse trabalho, ainda em forma manuscrita, é *Der Ursprung der Geometrie als intentional-historisches Problem*, publicado por Eugen Fink em 1939 na *Revue internationale de philosophie*, v.I, n.2, começando com o terceiro parágrafo da obra original (Husserl, 1970b, p.353). Há uma tradução da versão inglesa efetuada por Maria Aparecida Bicudo, à disposição no site www.sepq.org.br.

24 O próximo capítulo será escrito pelo dr. Jairo José da Silva e versa sobre a realidade dos objetos matemáticos vistos sob enfoque fenomenológico.

Nessa direção, Husserl caminha para a explicitação da abstração como origem constitutiva de idealizações, que se apresentam como idealidades objetivas. Porém, a idealização exige mais do que essa síntese, ainda que intencional. Exige que o percebido em perfis, reunido pela abstração, desdobrado em síntese intencional, seja mantido numa materialidade não fixa que assegure sua existência objetiva. Essa materialidade em movimento é propiciada pela linguagem e tradição, uma vez que estas carregam consigo possibilidades de compreensões e interpretações, de abertura para o passado e o futuro, e, no presente, de ações que desencadeiam a constituição de novos objetos.

No âmbito da Fenomenologia, a idealidade significa um modo de ser ideal, e esse é um adjetivo que qualifica o substantivo – o substantivo "objeto" qualificado por "idealidade".

Os objetos intencionais não são tomados por Husserl como objetivamente dados no mundo natural ou na realidade física, mas como constituídos no núcleo noemático formado por conteúdos experienciados, que vão se emaranhando uns nos outros, na teia da intersubjetividade e historicidade. Os núcleos noemáticos são constituídos pela evidência que origina; pelos atos intencionais da consciência; pela subjetividade que traz consigo a presença dos cossujeitos e a abertura para a intersubjetividade; pela linguagem que expressa; e pela linguagem proposicional que estrutura.

É uma idealidade constituída na intencionalidade da subjetividade transcendental, no solo em que as experiências ocorrem e fazem sentido, tanto para o sujeito como para a comunidade de cossujeitos.

Portanto, não se trata de uma idealidade como a concebida pela filosofia platônica, vista como realidade ontologicamente existente de modo perfeito no mundo supramundano ou, como denominado, mundo das ideias. As idealidades fenomenológicas são livres, pois independem do ato original que as constituiu pela primeira vez. Transcendem a subjetividade, mantêm-se na temporalidade sustentada pela linguagem e abrem possibilidades de complementaridade, aplicabilidade e mobilidade na cadeia de suas articulações. Como isso se dá?

Segundo a visão fenomenológica, a objetividade é constituída na dialética subjetividade/intersubjetividade, cujo movimento se dá no solo do mundo-vida, que é histórico e cultural, e baseado, de maneira primordial, na comunicação entre cossujeitos. O canal dessa comunicação é aberto na percepção do outro pelo ato empático, e o comunicado é sustentado na estrutura linguística. Sendo uma objetividade constituída, dá-se à interpretação daqueles que a focalizam intencionalmente na busca do sentido. É uma objetividade que se estrutura sobre compreensões e interpretações históricas e culturais, que se mantém na linguagem e é veiculada pela tradição. Suas raízes estão nos atos da consciência, naqueles da intuição sensorial dada na experiência vivida diretamente com as ocorrências individuais e, também, na intuição essencial.

Vamos nos deter nesse processo constitutivo, buscando explicitar como a estrutura do comum se constitui e se mantém mediante a linguagem. Na situação de entendimento linguístico recíproco, a produção original, isto é, a evidência que ocorre na esfera subjetiva e o produto desse processo, pode ser compreendida de maneira intencional por outros cossujeitos com quem se está no mundo-vida.

Na relação de compreensão do que é produzido pelo outro, dá-se a lembrança de uma ocorrência comum presente, como no caso da lembrança de uma atividade que realizamos na "presencialidade" com o outro. Porém, essa não é a única ocorrência que garante a constituição da objetividade. Ao mesmo tempo que aquela lembrança ocorre, há, também, uma clara intuição da identidade da estrutura mental nas produções efetuadas, tanto por aquele que comunica o pensado como por aquele que intencionalmente se dirige ao que está sendo comunicado.

Essas produções podem reproduzir semelhanças que se dão nos processos efetuados de pessoa a pessoa e, na cadeia do entendimento das repetições dessas semelhanças, o que é evidente surge como o "igual" apresentado nos aspectos de identidade. Na unidade da comunicação entre várias pessoas de uma comunidade, a estrutura, repetidamente produzida, torna-se objeto de consciência, não como um "semelhante", mas como uma estrutura comum a todos.

Até aqui explicitamos o processo de constituição da estrutura comum. Porém, ainda falta para a constituição da objetividade a durabilidade dos objetos ideais, ou seja, a "existência persistente" dos "objetos ideais" mesmo durante períodos em que o inventor e os seus companheiros já não estejam mais atentamente voltados para o produzido ou já não estejam vivos. O que está faltando é o "continuar a ser", o "mantendo"-se da objetividade, ainda que não haja, no momento, uma consciência intencionalmente atenta à sua evidência.

A expressão linguística escrita e documentada assegura essa durabilidade. E mais, torna as comunicações possíveis. Ela é, por assim dizer, a comunicação que se torna virtual, pois não é dirigida em específico a determinada pessoa. Com isso, a possibilidade de viver em comunidade, característica também do ser humano, é elevada a um novo nível. Sinais escritos são, quando considerados de um ponto de vista puramente corporal, experienciáveis, sensível e diretamente, e sempre é possível que sejam experienciáveis intersubjetivamente por cossujeitos que compartilham uma comunidade. Mas, como sinais linguísticos, despertam, como fazem os sons linguísticos, significados familiares. O despertar é algo passivo; não há uma intencionalidade atentamente dirigida aos sinais mencionados. Mas o que é despertado de maneira passiva pode ser transformado em ação intencional e reativar a evidência que originou a produção que está sendo comunicada.

É assim que a escrita efetua uma transformação do modo original de ser da estrutura-significado, pois esta pode ser reativada por subjetividades nas cossubjetividades de outras comunidades que não as daquela onde ocorreram as produções iniciais. Por exemplo, na evidência da estrutura geométrica que é colocada em palavras, essa estrutura se torna sedimentada. Pode não ser compreendida, apenas reproduzida de modo passivo, sem intencionalidade de compreender sua evidência, mas o leitor pode torná-la evidente de novo, reativando a evidência. Entretanto, de modo algum é algo necessário ou fatualmente normal. Mesmo sem reativar a evidência originária, há possibilidade de compreensão, quando a estrutura sedimentada contribui significativamente com a validade do que é compreendido, mediante aplicações, por exemplo, sem que o leitor intencione aquela evidência.

Não devemos esquecer que o poder de sedução que exerce a linguagem se manifesta na maneira cotidiana de viver. A linguagem escrita pode, sim, exercer essa sedução de tal maneira, que as pessoas se tornem reféns, repetindo o que está escrito ou aplicando o que está expresso, sem se dar conta do que está sendo dito ou aplicado e do que significa essa aplicabilidade.

O ato original de evidência, contudo, pode sempre ser reativado, desde que a leitura seja intencional. Porém é importante dizer que, por se tratar de um ato de leitura, a evidência que venha a ocorrer está contextuada no mundo-vida, no presente, no agora. Significa que a leitura não é um ato de repetição pura e simples, mas de interpretação intencional, realizada mediante um diálogo entre o leitor e o texto, conduzido por perguntas levantadas pelo primeiro e passíveis de esclarecimento pelo segundo.

Como há a intenção de buscar significados possíveis e se está em processo de significar, ou seja, há o movimento de significação efetuado pelos atos da consciência, mencionemos dois aspectos importantes desse processo. Um concerne à compreensão da estrutura comum a todos, sustentada e mantida pela linguagem. Outro concerne à tradição, compreendida como o veículo que transporta as produções sociais, culturais e historicamente constituídas. Essa é a complexidade com que depara o ato de reativar a evidência e efetuar uma leitura intencional. Com a escrita, crescem e se intensificam a amplitude da comunicação e a estrutura que dá suporte ao expresso, mantendo-o e transmitindo-o pela tradição. A teia que assim vai se tecendo cria o suporte estrutural para a constituição da objetividade.

Indo em direção ao que veio se abrindo à compreensão, podemos entender que a objetividade, na visão fenomenológica, é constituída na dialética subjetividade/intersubjetividade, cujo movimento se dá no solo do mundo-vida, que é histórico, cultural e primordialmente baseado na comunicação entre cossujeitos, sustentada pela estrutura linguística. Sendo uma objetividade constituída, dá-se à interpretação daqueles que a focalizam de maneira intencional, na busca do sentido. É uma objetividade que se estrutura sobre compreensões e interpretações históricas e culturais, que se mantém na linguagem e é veiculada pela tradição. Suas raízes estão nos atos da consciência, nos da intuição sensorial dada na experiência vivida diretamente com as ocorrências individuais e também na intuição essencial.

Em direção à investigação fenomenológica

A investigação fenomenológica segue o movimento que vai da intuição sensorial à intuição eidética ou essencial. Vamos do mundo percebido à elaboração da estrutura do fenômeno, mediante movimentos de redução transcendental. É uma investigação em que todos os passos dados na trajetória investigativa são intencionais e em que o investigador precisa ficar atento, dar-se conta do que está sendo efetuado, de tal modo que as raízes dos atos cognitivos e a maneira de serem expressos sejam explicitados. Buscamos "ir às coisas mesmas", só que agora, na realização da pesquisa, elas já são destacadas de um fundo delineado pela interrogação formulada pelo pesquisador e que dá norte à investigação. Portanto, as coisas, por si sós, estão sob o movimento da redução transcendental, que abrange a interrogação e o que se busca compreender.

Dizemos que colocamos o fenômeno em suspensão, ou seja, em *epoché*, deixando-o livre de conceitos e concepções teóricas prévias que possam postular o que ele é. Sobre esse procedimento é importante esclarecer que o pesquisador não é neutro. A Fenomenologia não diz que ele deve partir do ponto zero, em que fingiria nada saber sobre o investigado. Seria como negar a própria Fenomenologia e seu modo de ver o mundo-vida, que é o solo histórico onde nos locomovemos. O pesquisador se locomove, sim, num solo histórico constituído durante seu tempo vivido,[25] tanto como pessoa quanto como pesquisador. O que conhecemos sobre o investigado é o fundo onde nos locomovemos. Nesse solo, a interrogação floresce, instala-se como intencionalidade e se estabelece como interrogação geradora da investigação.

Os procedimentos fenomenológicos solicitam que a própria interrogação seja colocada em destaque e que busquemos compreender o que estamos interrogando. O que queremos saber que ainda não sabemos? Trata-se de esclarecer o significado da interrogação na dimensão da região de inquérito do investigado[26] e para o próprio investigador ou seu grupo de pesquisa.

Esse movimento conduz à busca dos procedimentos investigativos no que concerne à pesquisa do contexto em que o fenômeno está situado e contribui para lançar luz sobre o modo pelo qual vamos deixar que se manifeste: mediante experiências vividas pelo próprio pesquisador e registradas? Mediante experiências vividas por outras pessoas e descritas? Onde encontrar essas pessoas que estariam vivenciando o fenômeno investigado? Como proceder à análise do descrito por elas? Como efetuar as reduções sucessivas e apontar a estrutura do fenômeno? O que significa essa estrutura na região de inquérito do tema investigado? O que isso significa para o investigador e o grupo de pesquisa?

Uma vez expressa a estrutura do fenômeno, é preciso, como pesquisadores, fazermos um movimento reflexivo que, sendo intencional, conduza à transcendência das reduções efetuadas, indo em direção à metacompreensão do sentido da própria pesquisa, dos procedimentos assumidos, dos invariantes aos quais se chegou pelas várias reduções, bem como do significado dessa investigação para a região de inquérito que a interrogação tem como solo.

Esse último movimento vai além da investigação concernente à estrutura do fenômeno, pautada no pensar fenomenológico, primordialmente no de Edmund Husserl. Nós[27] temos efetuado uma abertura hermenêutica,

25 O tempo vivido diz como se deu a experiência vivida, se com alegria, angústia, interrogando o mundo etc. É o tempo vivido pela pessoa ao longo de sua vida, fazendo suas escolhas, elaborando e atualizando seus projetos, constituindo-se com os outros etc. Ver: BICUDO, M. A. V. O Tempo, tempo vivido e história. Bauru: EDUSC, 2005.

26 Sobre a interrogação, ver Kluth (2001d).

27 "Nós" aqui se refere aos membros do grupo de pesquisa de Fenomenologia, coordenado a princípio pelo prof. dr. Joel Martins na PUC-SP, e que continuou, após seu falecimento, com os membros da Sociedade de Estudos e Pesquisa Qualitativos.

destacando os invariantes e efetuando um diálogo entre os autores lidos, os depoimentos trazidos como dados da pesquisa, e a compreensão do pesquisador e do grupo de pesquisa, visando compreender os invariantes na região de inquérito investigada.

Com esse procedimento, tanto nos voltamos sobre a interrogação formulada e atentamente buscamos compreender o que pudemos entender e interpretar no decorrer da investigação e com os invariantes articulados como ficamos atentos à região de inquérito e buscamos compreender os significados que a investigação realizada permite articular. São significados expressos de diferentes maneiras. Por exemplo, em termos de um discurso inteligível apresentado num texto escrito, em filme, num programa de atividades interventivas etc.

Em direção a uma Pedagogia Fenomenológica

Ao assumir a postura fenomenológica no contexto pedagógico, assumimos também tanto o modo de efetuar a investigação de um tema posto em evidência como o dinamismo do movimento subjetivo-intersubjetivo-objetivo, que se dá na constituição do eu-outro, na história, na cultura, no mundo-vida. Essas duas vertentes dizem respeito ao conteúdo das áreas do conhecimento humano trabalhado nas atividades de ensino e de aprendizagem, e à dimensão da própria Educação, entendida como um "projeto" do humano, cuidando de suas possibilidades de ser mundano e temporal. Nesta seção, abordaremos as características dessas duas vertentes, entendendo que, juntas, constituam o que denominamos Pedagogia Fenomenológica.

No contexto das atividades pedagógicas, a interrogação conduz às atividades desenvolvidas nas situações de ensino e de aprendizagem. Interroga-se o que buscamos no ato educador e o que buscamos com as atividades propostas, visando ao ensino e à aprendizagem de professor e alunos. Essa interrogação faz o projeto pedagógico disparar, de maneira que as ações do professor/educador já sejam intencionalmente refletidas. Com esse movimento, distanciamo-nos da possibilidade de trabalhar em educação numa postura natural,[28] em que as atividades permanecem na dimensão do "fazer"

28 Segundo Husserl (1949), no mundo da atitude natural o objetivo diz respeito às coisas em si, ou seja, às coisas como existentes fora do campo da percepção e aceitas como dados, como conteúdos positivos e passíveis de serem representados por imagens e signos, re-

e do "como fazer",[29] e assumimo-nos como educadores fenomenólogos que mantêm a atitude fenomenológica[30] em suas ações.

"Fazer" e "como fazer" são aspectos importantes e nutrientes das ações de ensinar e de aprender. Entretanto, ao assumir uma postura fenomenológica, permanecemos atentos a eles em busca do sentido que fazem para nós – professores e alunos. Buscamos compreender os atos cognitivos efetuados na dialética ensinar/aprender, bem como abrir-nos da percepção do perfil da ciência trabalhada ao entendimento do significado da respectiva região de inquérito dessa ciência. Portanto, trabalhamos com a imanência e a transcendência dos objetos estudados, os quais nunca estão além de sua manifestação, pois sempre são percebidos e, também, sempre transcendem a percepção, uma vez que são mais do que o percebido, pois a percepção se dá em perspectivas[31] no horizonte do mundo-vida.

---

presentação essa considerada tão mais correta quanto mais se adequar ao que representa (Bicudo e Cappelletti, 1999).

29 "Fazer" e "como fazer" são característicos de uma Filosofia da Educação que prima pelo saber fazer e destaca o como fazer. Como exemplo dessa filosofia podemos citar a da Escola Nova, liderada por John Dewey e que assume a lógica da ciência do mundo ocidental e seus valores de progresso.

30 Na atitude fenomenológica, a coisa ou os objetos não são vistos ou considerados existentes por si sós, pois nunca estão além da sua manifestação, são sempre abarcados pela percepção e dependentes dos atos intencionais no movimento de busca do sentido que todos sempre efetuamos (Husserl, 1977). Isso lhes confere o caráter de imanentes e transcendentes à percepção. Imanentes porque a "coisa" é sempre dada na percepção; transcendentes porque sempre estão além dela (Merleau-Ponty, 1990).

31 Perceber por perspectivas significa que percebemos sempre de um ponto, entendido como aquele de onde olhamos. Esse é tido como o ponto zero, dado pelo corpo-próprio, corpo-encarnado, que é sempre movimento intencional quando em estado de alerta, atento ao mundo, dirigido a um foco. Corpo-próprio intencionalmente presente num campo de existência em que o fenômeno se mostra, polarizando em direção a si todo o corpo-encarnado como sistema de potência perceptiva. É esse campo de existência que sustenta a interligação do visto em perspectivas, não como perfis distintos, mas como experiências integradas em um só mundo (Merleau-Ponty, 1994). A coisa percebida (fenômeno) se encaixa, por seu modo de se instalar no mundo, no campo de experiências, definindo seu perfil e expondo seu sentido. Há uma comunhão e uma comunicação que se dá no ato da percepção: a coisa nunca é separada de quem a percebe. A unidade e a identidade da coisa percebida estão enraizadas na unidade e na identidade do corpo. Por sua vez, a percepção é polarizada pelo sentido da coisa. Isto é, pelo modo pelo qual a coisa se mostra "encaixada no entorno", ou seja, no mundo da existência, ou campo de experiência, ou, como entendemos, no mundo-vida. Esse sentido, como já mencionamos antes, não é dado como desdobramento do mundo que ocorreria pura e simplesmente no ato de perceber, mas pressupõe operações efetuadas por nós no próprio movimento "*noesis-noema*" para executar operações sobre as coisas percebidas.

Assumir uma postura fenomenológica é realizar um trabalho sempre intencional, em que o educador se dá conta do que está ocorrendo consigo mesmo, com o mundo-vida escolar, com o aluno, visto como pessoa e como estando com os outros, seus companheiros de aula, com o tema que está sendo trabalhado, no contexto da região de inquérito em destaque, com o professor e seu "entorno". A dinâmica em ação é aquela do cuidado com a área de inquérito trabalhada e com a constituição da subjetividade/intersubjetividade de aluno-alunos-professor-conteúdo.

Nessa dinâmica em que o educador está atento à constituição da subjetividade e da intersubjetividade, estão em movimento as ações éticas e a educação moral na efetivação da postura de ouvir o outro, de responsabilidade ao emitir respostas, de manter o diálogo entre cossujeitos em situação de ensinar e aprender, nas avaliações efetuadas.[32] Procedendo desse modo, esboça-se um "estilo", uma maneira de tratar o mundo da educação.

O diálogo não se dá numa continuidade de compreensões e interpretações igualmente claras pelos que o efetuam. Há convergências e distanciamentos de compreensões. Há horizontes de compreensões que revelam o mundo-vida habitado pelo sujeito. Atentos, podemos nos abrir à compreensão desse solo histórico que se apresenta como fundo ao modo de ser do aluno.

No que concerne aos procedimentos, as características da investigação fenomenológica são mantidas também na situação pedagógica. Os "procedimentos de investigação fenomenológica" em sala de aula podem ser mantidos, tomando-se como dados de investigação atividades e textos, apresentados oralmente, escritos e em diferentes modalidades como filmes, fotos, figuras, experiências laboratoriais e outras modalidades de registros.

Um ponto de destaque que consideramos nuclear é: o que se afirma deve ser investigado mediante procedimentos da *epoché* transcendental. Como realizar essa *epoché* se podemos estar com alunos que não se abriram à evidência do que está sendo afirmado, ou seja, se não compreenderam do que se trata? O trabalho pedagógico solicita uma dialética de ir e vir, buscando sentidos e significados, de tal modo que os processos de significação possam ser efetuados. É preciso permanecer atentos ao percebido e manifesto pelos alunos e pelo professor, à compreensão do sentido do que é expresso pelos alunos de maneira individual e em diálogo com o outro, na esfera da intersubjetividade, buscando sempre o sentido que faz para todos aquilo que está sendo trabalhado.

32 Sobre esse assunto, ver Bicudo e Cappelletti (1999).

Não se persegue um sentido comum a todos, mas o sentido que está em processo para cada sujeito, individualmente, e por aquele que está sendo delineado no diálogo intersubjetivo. Persegue-se a possibilidade de perceber a evidência em processo de manifestação, o "ver claro", ou a evidência, que pode ou não ocorrer na dinâmica dos atos da cognição. Nesse movimento, focalizamos a percepção e as expressões do percebido. Trabalhamos no nível de intuição sensorial. Os atos mediante os quais a significação se efetua são postos em evidência, permitindo que sejam expostas as raízes cognitivas que geram ou preenchem de sentido as proposições. Trabalhando-se desse modo, o "dar-se conta" do que está ocorrendo permanece sob *epoché* tanto para o professor como para os alunos.

Como ocorre na efetuação da pesquisa, aqui também podemos avançar em direção à *epoché* transcendental, de modo que é possível trabalhar com o rigor fenomenológico quando destacamos aspectos de teorias científicas, obras de arte e outras regiões do conhecimento humano, para serem trabalhados com os alunos. No movimento de reflexão, o sentido e o significado do que é trabalhado vão se mostrando para os alunos individualmente e, mediante atividades de expor o compreendido na esfera intersubjetiva, o grupo segue avançando na compreensão e interpretação compartilhadas. É possível constituir uma objetividade do assim elaborado ao criarmos textos nas diversas possibilidades de mantê-lo no solo histórico e cultural.

Anunciando a investigação apresentada a seguir

A investigação que efetuamos no seio do FEM, e que apresentamos neste livro, teve como interrogação articuladora: "Como conceber fenomenologicamente a realidade dos objetos matemáticos?".

Contextualizamos essa interrogação nas regiões de inquérito da Matemática e da Educação Matemática, e focalizamos a investigação fenomenológica da Aritmética e da Geometria. Permanecemos atentos às leituras efetuadas e às atividades desenvolvidas de maneira que essa interrogação fosse um norte a indicar a busca do sentido do que compreendíamos e nos abrisse às interpretações possíveis que se mostrassem significativas na região de inquérito, solo de nossa pesquisa: a Educação Matemática.

Os capítulos do livro são textos produzidos com base nessas investigações, escritos com o objetivo de expô-las a um público interessado e comprometido com Educação Matemática, mas não necessariamente versado em Fenomenologia. Queremos dizer que nosso esforço é apresentar de maneira simples o trabalho fenomenológico que efetuamos, com a intenção de levá-lo aos professores de Educação e de Educação Matemática. Desejamos compartilhar o que compreendemos a respeito de Fenomenologia e das possibilidades de se trabalhar fenomenologicamente no âmbito do ensino e da aprendizagem, que, no caso desta obra, focaliza a Matemática. Portanto, o potencial público leitor não se compõe de fenomenólogos, mas de professores, primordialmente de Matemática.

Os próximos capítulos tratam da concepção fenomenológica da realidade dos objetos matemáticos; da investigação fenomenológica da Aritmética; de numeração e das atividades de ensino e aprendizagem elaboradas de acordo com a visão fenomenológica; de Geometria e das atividades de ensino e aprendizagem segundo a visão fenomenológica.

Capítulo 2

Fenomenologia e Matemática

Jairo José da Silva

Edmund Husserl, fundador da Fenomenologia, sistema filosófico que nasceu com o século XX e deu origem a bifurcações que dominaram uma parte considerável (mas longe da totalidade) do pensamento europeu desse século, como a filosofia existencial e a hermenêutica, foi também um matemático competente o bastante para ser indicado assistente do grande Weierstrass.[1] Assim, é natural buscar na filosofia de Husserl, ou mesmo na Fenomenologia pós-husserliana, se a cremos herdeira dos interesses filosóficos do seu fundador, uma bem articulada Filosofia da Matemática.

Ela existe de fato, mas não tão articulada e explícita como se desejaria, com exceção do primeiro livro que Husserl publicou em 1891, a *Filosofia da Aritmética* (Husserl, 2003),[2] obra em que se discernem tanto as raízes matemáticas do seu pensamento como a influência da psicologia de Brentano. A primeira parte do livro traz uma análise exaustiva da "origem", ou "gênese",

1 Karl Weierstrass (1815-1897) foi um dos mais eminentes matemáticos do século XIX. Seu nome está ligado, em particular, à teoria das funções.

2 Versão ampliada de sua tese de habilitação de 1887 sobre o conceito de número.

dos conceitos e operações numéricas.[3] Esse que perpassa toda a sua obra talvez seja o tema husserliano por excelência: estudar como o mundo objetivo (isto é, a totalidade do que se apresenta à consciência como estranho a ela) se torna objeto de consciência. A "origem" mental ou intencional do mundo objetivo (em que o termo "intencional" denota a propriedade definidora da consciência, segundo Husserl *d'aprés* Brentano: estar dirigida a objetos, estar voltada para fora de si mesma) é o "problema" da Fenomenologia husserliana. E, se o mundo em questão é o mundo específico das "objetualidades" matemáticas, temos o problema central da Filosofia da Matemática na versão husserliana.

Na segunda parte da obra, a mais interessante do nosso ponto de vista, Husserl busca, com êxito, explicar como é possível se obter juízos aritméticos "verdadeiros" apenas com a manipulação de símbolos aritméticos (os numerais) segundo regras algorítmicas dadas de maneira explícita, sem nenhum acesso direto aos conceitos numéricos propriamente ditos. Esse é o caso de um dos grandes problemas da Filosofia da Matemática: como é possível conhecer o que quer que seja *a priori* por métodos estritamente simbólicos, como é, em termos paradigmáticos, o caso da Matemática, e o que é isso que assim se conhece?[4] A resposta de Husserl abre toda uma perspectiva sobre a natureza do conhecimento matemático, que, por motivos que esclareceremos logo mais, ele não vislumbra com suficiente clareza: podemos descobrir verdades sobre os números manipulando símbolos porque os símbolos encarnam a mesma estrutura formal que o domínio numérico. O que Husserl não apreciou o suficiente é que, se a identidade formal (ou estrutural) é o que possibilita o conhecimento por meio dos símbolos, então tudo o que assim podemos conhecer, isto é, todo conhecimento propriamente simbólico, é formal (ou estrutural), não "substancial".[5]

---

3 Uma análise de "origem" ou "gênese" é uma análise dos processos mentais – mais tarde Husserl dirá intencionais "transcendentais", não mais mentais – pelos quais certos objetos – ou, de modo mais geral, certas "objetualidades", isto é, quaisquer coisas em relação às quais possamos enunciar juízos verdadeiros – se apresentam à consciência com o sentido de existência que têm.

4 Mas a Matemática também admite um conhecimento "intuitivo", direto, por assim dizer, não intermediado por manipulações simbólicas. Acreditamos que esse é ainda um conhecimento a priori. Que tipo de intuição é essa, e o que pode nos dar? Esse é outro problema central em Filosofia da Matemática ao qual Husserl dedicou bastante atenção. A elaborada teoria da intuição nasce desse esforço e é uma das suas maiores contribuições a essa disciplina.

5 A distinção entre forma (estrutura) e substância (matéria ou conteúdo) remonta a Aristóteles. Esta diz respeito à natureza específica dos objetos considerados; aquela, ao modo

Mas ainda mais imperfeito é o tratamento dado por Husserl, em *Filosofia da Aritmética*, à questão da justificação do papel de símbolos "sem denotação" na dinâmica do conhecimento. Esse problema se apresenta nessa obra sob a forma do 0 e do 1. Para Husserl, tais símbolos não denotam nenhum número, pois um número é uma resposta à questão "quantos?", e 0 e 1 não são respostas a essa questão, segundo ele. Se, à pergunta "Quantas pessoas há nesta sala?", alguém responder "0", é o mesmo que dizer, conforme afirma Husserl, que não há pessoas na sala, que o conceito "pessoas nesta sala" tem extensão nula; logo, não lhe cabe a noção de quantidade. O mesmo se passa com "1". Responder que há uma pessoa na sala é dizer que nessa sala não há uma multiplicidade de pessoas (pois há apenas uma); logo, de novo, não cabe ao conceito a noção de quantidade. Pois bem, como justificar a introdução desses símbolos (que para Husserl não denotam números) na Aritmética, em que são tão "necessários"? A resposta do filósofo não é a melhor possível. Segundo ele, justamente porque são necessários. A resposta pragmática fica aquém de uma justificativa filosófica radical.

O problema das representações sem objeto (dos objetos meramente intencionais, como Husserl os chamará logo depois) é a pedra no sapato de seu projeto filosófico no período, em particular pelo fato de que o planejado, mas nunca publicado, segundo volume da *Filosofia da Aritmética* teria por objeto a chamada Aritmética Geral, em que abundam objetos desse tipo. Como entender e justificar o papel de objetos apenas imaginados, prole mais ou menos bastarda da nossa prolífica capacidade de representação puramente sígnica ou verbal, no "conhecimento" de um mundo "objetivo"? A resposta de Husserl a essa questão pode ser garimpada em alguns textos publicados ao mesmo tempo que, e mesmo anteriores a, *Filosofia da Aritmética*. Isso mostra que, quando a obra foi publicada, ele já havia removido essa questão do âmbito filosófico a fim de contemplar problemas e perspectivas que vão aflorar claramente no livro seguinte, sua obra magna, as *Investigações lógicas*, de 1900-1901 (Husserl, 2001).[6]

---

como se relacionam entre si, não importa sua natureza. Assim, conhecimento formal é o conhecimento dos aspectos formais dos domínios de objetos sob consideração (que podem ser os mesmos, ainda que em domínios materialmente distintos).

6 O que prova, contra certos estudiosos, que a antipática resenha de Frege sobre a Filosofia da Aritmética, publicada em 1894, não foi o motivo pelo qual Husserl abandonou a fase "psicologista", que é como esses intérpretes chamam o primeiro período do pensamento husserliano, abrangendo desde a Filosofia da Aritmética até a publicação das Investigações lógicas. Gottlob Frege (1848-1925), criador da Lógica moderna, foi um dos filósofos que

Para Husserl, o uso de "elementos imaginários",[7] isto é, representações sem objeto, objetos meramente intencionais, no conhecimento de um domínio "dado" de objetos só se justifica se esses elementos forem essencialmente dispensáveis, se pudermos obter, em princípio, o conhecimento que nos trazem, talvez com maior conforto, sem sua intervenção. Essa resposta é apresentada, por exemplo, na resenha das *Lições sobre a Álgebra da Lógica*, de Schröder, que Husserl publica em 1890 (antes, porém, da publicação da *Filosofia da Aritmética*) e, em 1901, nas duas conferências em Göttingen (portanto, depois de publicados os *Prolegômenos à lógica pura*, a revolucionária primeira parte das *Investigações lógicas*, o que indica que essa é a sua formulação definitiva para o problema).

Tal resposta é típica de Husserl. Nela vemos com clareza a preocupação em "vincular" a capacidade de representar à capacidade de intuir se está em jogo o conhecimento. Essa postura é pelo menos tão velha quanto Kant, para quem o entendimento sem a intuição é vazio (e a intuição sem o entendimento é cega). Só que Husserl estende a noção de intuição bem além da raquítica "representação singular imediata" de Kant. A Aritmética dos conceitos numéricos próprios (2, 3, 4 etc., mas não 0 e 1) é fundada na nossa intuição de número (e aqui já temos um exemplo de intuição "conceitual") e, se a estendemos pelo acréscimo de símbolos sem conteúdo (como 0 e 1), é porque facilita a nossa vida (fornecendo-nos convenientes algoritmos de cálculo). Mas não nos enganemos: só podemos admiti-los porque em princípio podemos obter os mesmos resultados sem apelar a eles, baseando-nos apenas na compreensão intuitiva dos conceitos numéricos.

Uma rápida olhada nas *Investigações lógicas* (em particular na sexta) nos mostrará que, para Husserl, o conhecimento próprio só se dá pelo "preenchimento" de representações vazias pela intuição apropriada. Por um lado, nossa capacidade de representar; por outro, as intuições, a experiência vivida (*Erlebenissen*), o mundo da vida (*Lebenswelt*). Para Husserl, a tarefa do conhecimento exige que aquela só se alimente destas, para não incorrermos em estéril palavrório nem nos alienarmos no formalismo vazio em cujas veias não corre o sangue da vida.[8]

mais influência exerceu sobre o pensamento do século XX. Inimigo juramentado do "psicologismo" em Filosofia, criticava Husserl por enxergar na Filosofia da Aritmética uma (segundo ele) inaceitável orientação psicologista.

7 Por "imaginário" Husserl entende qualquer número que não seja um número inteiro maior que 1. Isso inclui 0, 1 e os números negativos, fracionários e complexos (como $\sqrt{-1}$).

8 Veja a esse respeito *A crise da ciência europeia* (Husserl, 1970a) e a *Fenomenologia transcendental* (Husserl, 1969), um de seus últimos trabalhos, em que a crise da ciência é vista precisamente

Para Husserl, é preciso fazer a ciência (e a Matemática) voltar a beber da fonte do mundo vivido, da qual o mundo "objetivo" propriamente "brota" (no sentido de "gênese", como explicitamos antes). Num apêndice de *Crise* (*The Crisis of European Sciences*) – intitulado *O nascimento da Geometria* (*The Origin of Geometry*) –, Husserl (1970a) mostra como a Geometria, tal qual um bebê gerado e nutrido pela "comunidade matemática" (entidade estendida no tempo e no espaço que faz aqui o papel de sujeito), "nasce" de práticas inseridas no mundo da vida, esse solo em que a comunidade e suas idealizações se assentam, e se insere com seu sentido em constante "constituição" no espaço intersubjetivo (o que vale dizer "objetivo") da comunidade. Tal é o modelo do projeto husserliano de "Fenomenologia genética" ou "constitutiva", em que se trata justamente de mostrar como as "objetualidades" (neste caso, a Geometria) são geradas em processos intencionais do sujeito (neste caso, a própria comunidade de geômetras).

Portanto, ao longo de toda a trajetória filosófica de Husserl, algo é constante: seu compromisso (kantiano, em certo sentido) em não deixar que nossa capacidade de representar, nossa concepção de mundo ou ciências escapem dos limites da intuição, da experiência vivida, do mundo da vida. Da fonte, enfim, de todo sentido. Voltaremos a isso daqui a pouco.

Depois de publicada a *Filosofia da Aritmética* e de Husserl considerar longamente o papel dos símbolos no conhecimento matemático (em que, segundo ele, podem desempenhar tanto um papel "representacional", no caso de símbolos com conteúdo, como um papel apenas coadjuvante, "essencialmente desnecessário", no caso dos símbolos imaginários, sem significado), são publicadas as *Investigações lógicas*.

Como o conhecimento matemático é visto então? Antes de respondermos a essa pergunta convém lembrar que, mesmo aceitando o tratamento husserliano dos símbolos sem conteúdo, resta outra indagação: "Como, afinal, é possível que sejam úteis ainda que desnecessários?". Além disso, Husserl estava de fato com a razão ao restringir assim o papel dessas representações, segundo ele vazias, em Matemática? Na verdade, Husserl não responde à primeira questão e, quanto ao tratamento dos elementos imaginários em Matemática, não estava apenas errado em mais de um ponto, mas também

como sua excessiva formalização e alienação vis-à-vis o mundo da experiência viva, processo que, segundo ele, começou com a matematização da natureza por Galileu e que por certo atingiria o auge com as teorias que via nascer, como a da Relatividade Geral, de Einstein, em que o estudo da gravitação se transforma em Geometria, e a da Física Quântica, em que os "observáveis" do mundo se transformam em operadores matemáticos.

flertava abertamente com o reacionarismo e, talvez, o irracionalismo, ainda que com intenções exatamente opostas (a propósito, pode ser dito o mesmo com respeito à sua crítica da ciência moderna e ao "esclarecimento" da gênese da Geometria em *Crise*).

Vejamos se, como dissemos, o conhecimento simbólico da Matemática, seja por meio de símbolos que representam objetos propriamente ditos ou por meros *flatus voci*, signos sem conteúdo, é essencialmente formal ou estrutural,[9] se então o *fato* da utilidade dos elementos ditos imaginários se explica. Mesmo não tendo nada a ver com o conceito que articula um dado domínio de objetos (como a extensão desse conceito), os imaginários que aí introduzimos (como os números complexos nos domínios da Aritmética dos números que correspondem ao conceito de quantidade) contribuem com o que de fato interessa, a saber, a extensão da estrutura do domínio em questão com uma estrutura "adequada" para o estudo desse domínio.

A Aritmética dos números cardinais (que respondem ao "quantos?") estuda uma estrutura – a das sequências de tipo ω, em que as posições se dispõem exatamente como os cardinais numa sucessão linear discreta infinita, com primeira, mas sem última posição, e em que qualquer posição pode ser atingida por uma iteração finita da operação de passar à posição seguinte – que pode ser mais bem compreendida da perspectiva das estruturas mais complexas que a contêm, a saber, a dos corpos numéricos dos números reais ou complexos e das ferramentas algébricas e geométricas desenvolvidas para o estudo dessas estruturas. A introdução dos complexos no campo da Aritmética equivale nada mais, nada menos à decisão de olharmos para a estrutura desse domínio da perspectiva de uma estrutura mais rica. Os imaginários só podem ser úteis porque à Matemática não interessa o que os símbolos denotam, e sim apenas as propriedades formais ou estruturais que podemos expressar com eles. E isso é verdade porque a Matemática é uma ciência formal, isto é, uma ciência de formas lógicas, não de objetos propriamente ditos.

Husserl poderia ter chegado a essa conclusão, pois tinha os conceitos apropriados para formulá-la, mas só passou perto. Em *Prolegômenos à lógica pura*, diz que as teorias matemáticas puramente formais[10] são exatamente o que acabamos

---

9 Isto é, tudo o que conhecemos por meio de manipulações de símbolos segundo regras são propriedades formais ou estruturais dos domínios em que os símbolos são interpretados, e que valem para não importa qual sistema de objetos, bastando para tanto que interpretemos nossos símbolos de modo conveniente.

10 Isto é, as teorias que não descrevem a priori nenhum domínio particular de objetos, mas qualquer sistema de objetos cujos símbolos em que essas teorias são expressas possam

de dizer que são: teorias de formas ou (e aqui há uma inflexão conservadora) "formas de teorias". Se Husserl dissesse que teorias formais se interessam "apenas" por formas lógicas, teria esclarecido por completo a natureza da Matemática (e não apenas da Matemática formal, mas também da conceitual). Mas ele acreditava que a Matemática formal só manteria seu compromisso com o conhecimento se as formas que estudava tivessem aplicação, ou seja, se pudessem ser forma de algo, e de algo de interesse – um domínio qualquer de objetos que quiséssemos conhecer. Por isso, as teorias formais da Matemática, para ele, não eram teorias propriamente ditas, mas apenas formas de teorias que só se tornavam teorias, e, portanto, portadoras de "conhecimento" quando (e *se*) se tornassem teorias de domínios de objetos independentemente dados numa intuição originária e fundadora, de natureza conceitual.

Mas parece claro que teorias de formas, sejam elas formas "encarnadas" ou não, já são teorias de algo – as formas –, e o que essas teorias nos dizem dessas formas já são uma forma de conhecimento – conhecimento formal. Husserl acatava isso; ele mesmo classifica, em *Prolegômenos*, a Matemática formal como uma "ontologia formal", a ciência dos objetos, não importando sua natureza e apenas segundo suas formas. Segundo ele, corresponde ao terceiro nível da lógica formal.[11] Mas, ao mesmo tempo, movido pela necessidade, tão característica em sua filosofia, de atrelar o trabalho da imaginação (e podemos muito bem dizer que a Matemática formal é apenas labor da imaginação formal) ao lastro da experiência intuitiva, Husserl remeteu as teorias formais a uma espécie de limbo epistemológico à espera da redenção intuitiva. Teorias puramente formais e elementos imaginários são exemplos matemáticos de representações meramente intencionais que pedem o preenchimento intuitivo para valerem como conhecimento (veja a Sexta Investigação, em particular). Mas, se os virmos como o que de fato são – suportes de estruturas ou formas (e não haveria aqui exagero em se falar de uma "intuição formal") –,já trazem um conhecimento formal embutido em si. Mas Husserl não via assim. E, para entendê-lo, precisamos compreender o momento em que viveu e filosofou.

O século XIX foi revolucionário para a Matemática e Husserl teve o mérito e a coragem de tentar conciliar as diferentes concepções de Matemática que batiam armas no centro dessa revolução. Por um lado uma Matemática

ser interpretados de modo a torná-las verdadeiras – ou, dito de outro modo, teorias cujos "objetos" próprios são estruturas ou formas lógicas.

11 Esse ponto de vista é clara e detalhadamente apresentado, em particular, no *Investigações* e no *Lógica formal* e *Lógica transcendental*.

construtiva, fundada na intuição, herdeira da tradição clássica (Kronecker, Poincaré); por outro, uma Matemática formalista, algorítmica e simbólica, que não temia aventurar-se pelo infinito (Cantor) e trocava de bom grado a intuição pela formalização (Hilbert) e pela Lógica (Frege, Dedekind). Tal conflito, que se tornou acirrado no século XIX, já se anunciava desde pelo menos o século XVI. Foi com a entrada dos números ditos "imaginários" na Álgebra de então (Cardano, Bombelli, Tartaglia) que a Matemática descobriu as vantagens de abandonar a intuição (e, sejamos sinceros, um pouco também do que parecia sólido bom-senso) em prol de métodos simbólicos que funcionassem muito bem, apesar de não apenas não terem suporte na intuição como, além disso, de serem francamente absurdos (ou parecerem sê-lo; mais tarde os números imaginários ganhariam justificação e explicação).

No século seguinte, a situação só piorou com a entrada em cena dos métodos infinitesimais e o flerte com o infinito atualizado e não apenas potencial que, até então, era o único que os matemáticos consideravam livre de contradições. É curioso notar que a propriedade do infinito atual, que Galileu considerava contraditória (admitir uma correspondência um a um com uma parte própria de si mesmo), é tida por Cantor e Dedekind no século XIX como sua própria "definição". A criação do cálculo infinitesimal por Newton e Leibniz parece entronizar um método matemático poderosíssimo, mas abertamente ofensivo à intuição. A tal ponto que o bispo Berkeley dizia não entender como alguém poderia torcer o nariz para as sutilezas (alguns diriam os sofismas) da Teologia, mas engolir uma segunda ou terceira diferença do Cálculo de Newton. O Cálculo de Leibniz também estava fundado num princípio formal que com dificuldade se poderia chamar intuitivo, a saber, a preservação da relação de semelhança entre dois triângulos, um fixo, outro infinitesimalmente pequeno (um nada que apenas a imaginação poderia ver como um triângulo). O conflito entre intuição e métodos formais, no século XVII, encarnava-se nas opostas concepções e métodos matemáticos de, respectivamente, Descartes e Leibniz.

O século XVIII nada fez para resolver o conflito; só o aguçou, usando de maneira extensa métodos simbólicos dos séculos anteriores, mas sem buscar-lhes uma justificação aceitável. No século seguinte entraram em cena outros elementos: a algebrização (Boole, Schröder, Pierce) e a simbolização (Frege) da Lógica. Agora, nem mesmo no sacrossanto domínio do pensamento e do raciocínio a intuição reinava soberana; aí também se via desalojada por métodos puramente simbólicos e algorítmicos.

É então de admirar que Husserl quisesse salvaguardar as evidentes vantagens "práticas" da Matemática formal, mas ao mesmo tempo garantir-lhe relevância epistemológica? E o fez de maneira admirável. Mostrou como a Matemática simbólica e aquela puramente formal serviam aos fins do conhecimento, uma trazendo para os domínios da percepção direta dos símbolos e suas manipulações, por intermédio de uma relação de representação, os domínios que escapavam, pela própria natureza infinita, da intuição imediata (os símbolos recriam sob os nossos olhos uma cópia exata daquilo que não podemos ver); a outra fornecendo conhecimento das formas lógicas que necessariamente "revestem" qualquer sistema de objetos (com a ressalva – excessiva, a meu ver – de que teorias puramente formais não poderiam nos dar o que a intuição não nos dava, mas que deveriam nos dar, caso se tratasse de domínios de objetos por assim dizer "enfeixados" sob um conceito que a intuição deveria ser capaz de indagar à exaustão).

A questão é que a noção de intuição conceitual em Husserl não é destituída de problemas e, ademais, o projeto de fundar a Matemática contentual,[12] – aquela que estuda domínios de objetos reunidos sob um conceito (a Aritmética, por exemplo, como estudo do conceito de números, entendidos como medidas de quantidade; ou a teoria dos conjuntos, como estudo da noção de agrupamento de objetos seja qual for o conceito que os agrupa) – na intuição conceitual é uma quimera, considerado o nível de envolvimento com a própria teoria que requer uma tentativa de questionar intuitivamente o conceito que a funda. Em outras palavras, a intuição conceitual, na quase totalidade dos conceitos matemáticos, mesmo os aparentemente mais simples, como número e conjunto, depende de um profundo envolvimento com a própria teoria, logo, não pode fundá-la. Na melhor das hipóteses, podemos estabelecer uma dialética evolutiva que, com base num primeiro esboço intuitivo, obtém teorias mais e mais elaboradas, fundadas em intuições mais apuradas, "treinadas" no labor de teorias menos elaboradas. Mas essa já é uma intuição mais sofisticada do que aquela intuição conceitual preconizada por Husserl pelo método das variações imaginárias.

Mesmo matemáticos influenciados por Husserl, como os grandes Gödel e Weyl, acataram o conceito de intuição conceitual com cautela. Gödel, por exemplo, acreditava que os conceitos poderiam ser tão difíceis de se intuir

12 Termo originado do vocábulo inglês content, isto é, "conteúdo", e quer dizer, neste contexto, a Matemática com conteúdo determinado, interpretada, por oposição àquela puramente formal, não interpretada.

quanto certos objetos do mundo físico de serem vistos (por exemplo, os neutrinos; e por que deveria ser diferente?). Portanto, só nos resta fazer em Matemática como fazemos em Física: adotar como pressupostos as propriedades conceituais mais interessantes (quer do ponto de vista prático, quer do teórico) até que despontem outras melhores. Já Weyl desejaria que teorias fundadas na intuição, como a sua Análise, baseada na intuição do contínuo temporal, fossem postas à prova e comprovassem então sua correção.

Em suma, nenhum deles acreditava que a intuição desarmada pudesse nos dar tudo que os conceitos contêm. Há hoje importantes questões de natureza filosófica e de consequências matemáticas relevantes cuja solução envolve o esclarecimento de certos conceitos. A teoria dos conjuntos, com certeza a teoria matemática mais fundamental, já que se pode reduzir toda a Matemática a ela, é incapaz de decidir pela verdade ou falsidade de algumas de suas hipóteses básicas, por exemplo, a de que a quantidade de números reais é a menor quantidade infinita maior que a quantidade dos números inteiros (a chamada "hipótese do contínuo"). Devemos estender a teoria para resolver a questão. Como fazê-lo? Ninguém espera que a intuição desarmada, a mera indagação do conceito de conjunto, sem mais, possa ser de alguma utilidade.

Também o enraizamento da Matemática no solo do *Lebenswelt* apresenta problemas. Em primeiro lugar, não se sabe bem o que seja isso. Segundo Husserl, o mundo da vida contém, entre outras coisas, certas práticas culturais. Mas de que cultura? Do homem ocidental comum do século XXI, das comunidades científicas, dos camponeses chineses? Se a ciência faz parte da cultura, não seria a intuição treinada da ciência uma parte das práticas culturais? Então, como o mandamento husserliano de impedir a alienação da ciência, trazendo-a para perto do homem, da sua vida e do seu campo de significados pode fazer sentido? Aqui não me parece que haja muito que se fazer. A ciência, em particular a Matemática, perdeu para sempre a capacidade de ter sentido para o leigo não treinado (e os educadores o sentem de maneira aguda na prática cotidiana). Não se pode de fato explicar a Física Quântica a quem não domina sofisticados instrumentos matemáticos; não se pode derivar o Cálculo Tensorial com base no solo do mundo da vida.

Contudo, talvez ainda haja algum conteúdo na exortação husserliana de fundar a Matemática nessa espécie de solo materno. Qualquer pessoa que se aproxima de um texto de Matemática formal, mesmo um especialista, pode às vezes se ver tentada a perguntar: mas de onde veio isso? Pois, em geral, essas teorias nos parecem Minervas, nascidas completamente armadas da cabeça dos criadores, sem história nem gênese. Assim, devolvê-las ao mundo dos problemas e das tentativas de resolvê-los, com as idas e vindas, os caminhos sem saída, os êxitos e acertos, enfim, sua história, pode restituir-lhes a carne e o sangue que a roupagem formal lhes subtraiu (essa já é uma orientação de caráter didático).

Um exemplo famoso de genética fenomenológica é o estudo intitulado *A origem da Geometria*, apêndice da *Crise da ciência europeia e a Fenomenologia transcendental* (Husserl, 1970a), um dos últimos trabalhos de Husserl. Nele o autor traça a história transcendental da Geometria euclidiana, isto é, a crônica dos processos intencionais que podem fazer brotar a Geometria do solo do mundo da vida. Não há nisso nenhuma tentativa de contar a história "de fato" da origem da Geometria. Mas não seria de esperar alguma similaridade, mesmo em traços gerais, ainda que a origem real da Geometria nada tenha a ver com sua "origem" transcendental? Husserl, porém, queria apenas mostrar como a Geometria pode ser "reconduzida" ao mundo vivido, explicitando os mecanismos intencionais que revestem os objetos e as verdades da Geometria com seu sentido característico.

Entretanto, tente-se fazer o mesmo com a Geometria de Bolyai ou a Geometria riemanniana n-dimensional. Se há um mundo em que são geradas é o mundo da Matemática, com seus problemas, métodos e história. Assim, se é preciso reconduzir tais teorias ao solo em que nasceram, é para lá que devemos reconduzi-las. A Matemática é uma tarefa monumental, que se estende por milênios da História, por quase todos os povos da Terra, em diálogo com as ciências, a Física em particular, mas também com as práticas e necessidades cotidianas. Sua história não é a crônica esterilizada dos textos didáticos ou profissionais, mas a narrativa de uma gênese muitas vezes difícil e que quase nunca segue encadeamentos lógicos, além de com frequência se fazer pouco a pouco e aos solavancos. Já, por exemplo, a gênese dos métodos infinitesimais, da Álgebra, do tratamento matemático do infinito, dificilmente é discernida nos textos dessas disciplinas. Elas parecem assim alienadas do mundo da vida. Fazer a Matemática emergir da sua história parece a forma factível de lhe devolver o sentido vivencial; não mais a história transcendental, mas a história real.

O filósofo da Matemática Imre Lakatos vai nessa direção. Ele dizia, parafraseando Kant, que a Filosofia da Matemática, sem a História da Matemática, é vazia, e que esta sem aquela é cega. De modo análogo, sem sua história, a Matemática corre o risco de fossilizar-se em esquemas rigidamente formais que escamoteiam a verdadeira dinâmica do desenvolvimento conceitual.

Husserl foi um pensador sensível às questões filosóficas do conhecimento matemático e bem localizado, de maneira singular, para tratá-las. Apesar das limitações que apontamos, logrou desenvolver instrumentos analíticos bastante precisos no trato dessas questões. Entre eles, uma elaborada teoria da intuição matemática (em que se destacam as noções de intuição conceitual e intuição categorial); uma teoria da abstração (em especial, de abstração formal); noções de ontologia formal e de ontologias materiais *a priori*, adequadas para incorporar tanto a Matemática formal quanto a Matemática contentual; uma semântica adequada em especial para dar conta de enunciados matemáticos (capaz de detectar a diferença entre enunciados de equivalência material com e sem conteúdo cognitivo); os elementos para uma correta apreciação da natureza lógico-formal do conhecimento matemático; uma interessante Fenomenologia genética de noções importantes (número, espaço e contínuo, por exemplo); e teorias matemáticas (Geometria e Aritmética, em particular). Por tudo isso, é um pensador indispensável para se tratar as questões filosóficas suscitadas pelo conhecimento matemático. A Fenomenologia tem muito a oferecer ao filósofo da Matemática.

Parte II

Compreensão fenomenológica de número e possíveis atividades didático-pedagógicas

Capítulo 3

Panorama fenomenológico sobre número e sua imagem na alfabetização aritmética

Verilda Speridião Kluth

Preâmbulo

Este texto faz parte de projetos de estudos e pesquisas que venho perseguindo ao longo dos anos ao dedicar-me à Filosofia da Educação Matemática numa perspectiva fenomenológica.

Embora possa parecer aos estudiosos não acadêmicos que nós, estudiosos acadêmicos, fazemos o que fazemos e como fazemos sem nos preocupar com as possíveis contribuições desse trabalho para uma prática profissional, asseguro-lhes: trata-se de uma suspeita que comporta suas exceções, muitas vezes camufladas pelas dificuldades encontradas, e não dissipadas, nos trajetos que desenhamos com a intenção de fundir ação e reflexão.

Aprofundar-se num assunto, em especial quando esse movimento requer uma atitude filosófica, significa tecer compreensões sobre conceitos complexos, densos e precisos nas suas formas de expressão já elaboradas no desenvolvimento de teorias que extrapolam, muitas vezes, a formação daqueles que as investigam, como é o caso dos estudos e pesquisas na região de inquérito da Educação Matemática, que se estendem por diversas áreas do conhecimento.

Voltar atento desse mergulho e relatar as aventuras vividas àqueles que não participaram da jornada é um desafio, pois exige que se realize a façanha de uma tradução rigorosa, comprometida e não simplificada, capaz de cumprir o papel de revelar o conhecimento produzido.

Nos últimos dez anos de estudos, familiarizei-me com a pesquisa fenomenológica na região de inquérito da Educação Matemática sobre a produção do conhecimento dos objetos matemáticos. Tenho agora a intenção de compartilhar aquilo que compreendi, no sentido de construir junto com educadores matemáticos e professores de Matemática um diálogo que não necessariamente fique imerso na malha acadêmica, mas que dê uma dimensão de articulação, abertura e complementação às ações educacionais já em movimento.

Assim, o presente texto propõe-se apenas a abrir a sessão por meio do audacioso empreendimento de explicitar conceitos complexos, vinculados com o pensar fenomenológico, de tal forma que o diálogo possa acontecer. Neste capítulo haverá, portanto, o início de uma proposta maior que se fortifica ao se agregar às contribuições de todos os outros autores da obra, constituída em torno da fundamentação fenomenológica.

Do estático à mobilidade

Ideias subjacentes à origem do número

O que é número? Essa interrogação é uma pergunta-chave que abre inúmeras discussões coloquiais e, mais que isso, abre perspectivas conceituais, quando tratada com rigor científico. Pode ser respondida, mesmo que não por completo, de várias maneiras, ainda que suscitando certo desconforto.

Lembro-me da indignação de Frege (1884)[1] com a não explicitação da questão "o que é número?", uma vez que o conceito está presente desde os primeiros anos da educação escolar. Disto, fica-nos a questão que incomoda:

1 No livro *Fundamentos da Aritmética – uma investigação lógica e matemática sobre o conceito de número*, Frege (1884) persegue a interrogação "o que é número?" do ponto de vista da Lógica. O número é definido como uma extensão lógica, ou seja, o número que pertence a um conceito F é uma extensão do conceito ser igual ao conceito F. No livro, propõe a definição de número como a correspondência um a um ou a chamada Gleichzahligkeit – em português: "mesma numerosidade".

como nós, professores, podemos ministrar um conteúdo que nós mesmos nem sabemos o que é?

Embora Frege não seja diretamente o foco de minhas considerações neste capítulo, posso adiantar que suas concepções e críticas contribuíram para o esclarecimento das ideias fenomenológicas sobre número desenvolvidas por Husserl ao longo da sua história.

Não há dúvida de que, ao se perguntar "o que é número?", busca-se, no território das ciências exatas, uma "definição" que, ao ser assumida no âmbito da Matemática e do ponto de vista estritamente lógico (herança do trabalho de Frege), possa ser explicitada de tal forma que a definibilidade de um objeto matemático deva ser compreendida em relação a um grupo de outros objetos matemáticos. Além disso, considera-se que as noções matemáticas, por si sós, não podem ser comparadas entre si quanto à clareza ou obscuridade. Podem ser definíveis num sistema de outras noções, que são indefiníveis em relação a outro sistema (Costa, 1925).

Tomo aqui um exemplo, apontado por esse autor, a fim de esclarecer um dos processos de "definição" usual da Matemática, a chamada "definição nominal". Consideremos as noções matemáticas primitivas de "ponto" e "distância" O termo "esfera" poderá ser substituído por: "um conjunto de pontos situados a igual distância de um ponto dado". Nessa "definição" figuram as noções de "conjunto" e "igualdade". Segundo Costa, as noções derivadas, no caso a de esfera, são meras abreviações de uma cadeia dedutiva que apenas emprega noções primitivas, por sua vez indefiníveis em outro sistema. Ponto, por exemplo, é uma noção primitiva da região da Geometria, e indefinível na Aritmética, desde que não consideremos a noção de par ordenado, nem o sistema cartesiano.

Conforme Miller (1982), Husserl, ao se perguntar "o que é número?", não buscava uma definição estritamente lógica, nem aceitava a definição euclidiana de número como uma "multitude de unidades", ou seja, qualquer número natural pode ser interpretado como uma soma de unidades; assim, $3 = 1 + 1 + 1$. Na visão husserliana, a definição deve contemplar tanto uma função filosófica quanto uma função matemática.

A filosófica pode ser entendida como a que se preocupa com os aspectos do surgimento de algo (aspectos ônticos) e com o modo como ele se constitui em sua trajetória (aspectos epistemológicos). Ambos, o ôntico e o epistemológico, estão ancorados numa visão de mundo e de homem.

Já a Matemática busca explicitar aspectos epistemológicos, ou seja, como os objetos matemáticos vão sendo construídos e definidos, ancorados na lógica (episteme) da ciência, quer seja no corpo de conhecimento dessa ciência, quer seja nas possíveis interlocuções com outras ciências.

A junção husserliana das buscas filosóficas e matemáticas confere à palavra "definição" outro significado, que extrapola a região de inquérito da Matemática sem, no entanto, abandoná-la. A definição deve trazer à luz o sentido ou o conteúdo do conceito. Portanto, está inserida num projeto mais amplo do que o proposto pelas ciências naturais e exatas.

Conforme Kluth (2005), Husserl não se propunha justificar nem negar as crenças matemáticas. Sua indagação destinava-se a contemplar tanto os aspectos da Matemática em sua origem (*Ursprung*)[2] quanto a Matemática formal. Perseguia, em particular, uma interrogação: como podemos fundamentar de modo racional a atividade matemática no contexto mais amplo da cognição humana?

Havia, portanto, na raiz do pensar fenomenológico sobre a Matemática, uma estreita ligação entre homem e mundo, descrita como uma relação *noesis-noema*. *Noesis* significa o ato intencional da consciência, que consiste na disposição do sujeito para ver algo; noema é aquilo que é visto.

Noema não diz respeito apenas a coisas materiais, mas também a coisas culturais, construídas pelo homem, como é o caso da Matemática. Pode-se, portanto, falar de um encontro do homem com a Matemática, a qual, na visão husserliana, pode se apresentar de diferentes modos e ser vista de diferentes perspectivas e níveis de compreensão.

A relação *noesis-noema*, a princípio explicitada por Husserl[3] e retomada por Merleau-Ponty ao estudar a estrutura do comportamento[4] e, mais tarde, ao elaborar a *Fenomenologia da percepção*,[5] é, sem sombra de dúvida, o fundante que legitima o encontro homem-Matemática como uma comunhão na qual ambos são tomados como "presença". Dessa forma, o encontro homem--Matemática pode ser entendido como ato da constituição da Matemática, na e da consciência intencionada, nos diferentes modos de se fazer presença (Kluth, 1997, p.11).

Esse encontro é um "ato de percepção" fundado nas formas da existência. Por um lado, o humano que olha sempre de uma perspectiva, com todas as suas possibilidades, e, por outro, a Matemática, como algo que

---

2 *Ursprung*, termo traduzido para a língua portuguesa como "origem", deve aqui ser entendido como "origem primordial".

3 Primeira publicação, 1913. Nas referências bibliográficas, publicação de 1980.

4 Obra concluída em 1938. Nas referências bibliográficas, publicação de 1975.

5 A primeira edição data de 1945. Nas referências bibliográficas, publicação de 1994.

se dá em "perfis". O que se mostra na percepção, ou seja, a verdade como presença, pode ser elaborada intencionalmente nos atos da consciência, de maneira que vão sendo produzidos formas e modos de expressão dos conteúdos experienciados, expressos também mediante a linguagem posta no mundo cultural à disposição, produzindo compreensões de forma intersubjetiva e tendendo às "sínteses de transição". Estas são as sínteses unificadoras do que foi compreendido, interpretado e comunicado, e que sempre são de transição porque nunca estão completas e acabadas. À medida que são retomadas em novos processos *noesis*-noema compartilhados pelos cossujeitos intencionais, tais sínteses tendem, por meio de reduções sucessivas, a refletir os aspectos essenciais de um objeto cultural. Possibilitam a identificação desse objeto como "o mesmo", embora possam ter sido modificadas ou complementadas durante a permanência do objeto na historicidade humana.

Por outro lado, a relação *noesis-noema* não deve ser entendida como superposição de partes. Ao contrário, Merleau-Ponty (1990) a descreve como uma relação de certo modo orgânica, pois comporta os princípios da imanência e da transcendência. Imanência, pois o percebido é condição interior de possibilidades. Transcendência, pois o percebido, ao ser dado no ato da percepção como um todo, comporta algo além do imediatamente dado, ou seja, o percebido conserva elos estruturais presentes na relação *noesis-noema*.

A análise merleau-pontyana da percepção abandona a postura que a discute com base no objeto percebido, passando a considerar o ato de perceber, cujo pano de fundo é a relação *noesis-noema*, e o sujeito perceptor como núcleos dessa análise. Com isso, o objeto ou a coisa percebida não é mais fruto de alguma associação ou de superposições decorrentes de processos neurológicos ou intelectivos.

> A coisa percebida não é uma unidade ideal possuída pela inteligência (como, por exemplo, uma noção de Geometria); ela é uma totalidade aberta ao horizonte de um número indefinido de perspectivas que se recortam segundo um estilo, estilo esse que define o objeto do qual se trata. (Merleau-Ponty, 1990, p.48)

Da afirmação de que uma noção de Geometria, por exemplo a noção de "ponto", não é aquilo a que se refere a *Fenomenologia da percepção* ao falar de coisa percebida, pode-se concluir que a proposta husserliana básica de definição de "número" também não poderia se fundamentar numa noção de "unidade". A proposta exigia um projeto que contemplasse o ôntico do número, considerando aspectos filosóficos e matemáticos, e uma explicitação da sua origem (*Ursprung*) como ato de percepção, fundado numa relação intencional: a relação *noesis*-noema.

Mais tarde, Husserl afirma que tampouco as asserções proposicionais seriam para o pensar fenomenológico a origem primordial, o pré-científico do conhecimento Matemático, pois, na dimensão do conhecimento pré-científico, o conhecimento tem como primado a "evidência originária" dada num ato de percepção, e não a teoria. Segundo Husserl (1997, p.450), a evidência originária não pode ser confundida com a evidência dos axiomas, pois os axiomas são, em princípio, resultados da formação de sentido originário e já têm uma "evidência originária" atrás de si.

Bem, a essa altura do texto, poderíamos nos perguntar: afinal, o que justificaria, na prática, o exercício de garimpar as origens do conhecimento? Não deveríamos nos satisfazer com as delícias proporcionadas pelo progresso do desenvolvimento científico e darmo-nos por satisfeitos? Ou, ainda, não bastaria tecer críticas diante dos fracassos e desconfortos impostos pelas ciências e seu modo de proceder e construir verdades? Para Husserl, o movimento orientado para as origens pré-científicas do conhecimento científico significava um movimento em direção a uma retomada de valores humanos e mundanos, esquecidos ou postos de lado durante a construção do desenvolvimento científico na modernidade. Em decorrência, a ciência moderna e sua aplicabilidade distanciam-se desses valores. No final da vida, Husserl dedica-se a explicitar a crise da humanidade europeia[6] em termos desse conhecimento "científico".

A origem primordial do número

Embora, possivelmente, haja certa expectativa para se conhecer as respostas que a Fenomenologia dá à questão "o que é número?", será necessário tecer, ainda, algumas considerações sobre a jornada husserliana no desenvolvimento da ideia de "origem primordial" no campo fenomenológico.

Explicitar a investigação husserliana sobre a origem primordial dos números em sua raiz e desenvolvimento é investigar a apresentação primeira da formação dessa idealidade quando espaço-temporalizada na relação intencional homem-mundo. Uma relação que não está perdida num tempo

6 A expressão "humanidade europeia" tem a ver com sua concepção de cultura europeia, por ele designada como o modo de pensar e de fazer ciência do mundo europeu, ainda que geograficamente não se restrinja à Europa.

histórico ou num lugar estranho e inacessível, mas que pode ser possibilidade no presente, na vivência, ao estarmos intencionados ao mundo.

Segundo Moura (2000), Husserl descreve no livro *Ideias* a "origem" como a busca do contexto em que ela recebe sua significação. Como a palavra "contexto" está em voga no âmbito educacional e lhe são atribuídos diferentes significados, cabe aqui uma explicitação de seu sentido no território das ideias fenomenológicas.

Encontram-se em obras como *Investigações lógicas* e *Experiência e julgamento* conceitos que fundamentam a lógica husserliana e nos ajudam a compreender o significado do termo "contexto" nessa perspectiva.

Um desses conceitos, o de "estados de acontecimento", refere-se ao fato ocorrido, levando em conta a posição da coisa e sua situação em relação a outros objetos presentes. Todos esses elementos constituem uma constelação. Um bom exemplo desse conceito são os estados físicos da água, ou seja, a água pode se apresentar como um fato de modo líquido, sólido ou gasoso. Na Matemática, os objetos também podem se apresentar de diversos modos. Por exemplo, o "estado de acontecimento" de certo agrupamento pode ser aquele que o apresenta como uma "categoria", uma objetividade que dá a noção de determinado conjunto, como o conjunto numérico.

Outro conceito é o de "situação de acontecimento", que denota as condições, ou seja, tudo aquilo que determina o caráter de uma "situação pré-categorial", dada como forma lógica, como uma estrutura formal particular. "Situação de acontecimento" é a matéria-prima passiva para que se constitua a constelação, "o estado de acontecimento". No exemplo da água, a situação de acontecimento é tudo aquilo que dá sustentação ao seu surgimento. O mesmo ocorre com os conjuntos numéricos, em que a situação de acontecimento é aquilo que sustenta o surgimento do número.

Entendo que, nessa perspectiva, o significado do termo "contexto" não se restrinja às condições externas, tampouco apenas ao potencial intelectivo particular daquele que vive o acontecimento. O contexto tem como fundante uma situação que possibilita a "significação", da qual emerge tudo aquilo que determina uma estrutura particular, que pode ser apreendida na relação homem-mundo, num ato de percepção. O contexto, assim entendido, caracteriza-se como coexistência de valores, como aquilo que legitima uma aplicabilidade compatível dos objetos da ciência no mundo.

Nessa dimensão de entendimento da "origem" como "contexto", o que se busca são os eventos e as sínteses que estão na origem da apresentação primordial de um objeto, algo que sobressaia como "idêntico"[7] numa pluralidade de fenômenos perante uma subjetividade, ou instância, incumbida de fazer aparecer objetos (Moura, 2000).

Na análise desse autor, trata-se de uma descrição estática de origem, porque explicita o fazer aparecer que se dá do objeto individual à multitude dos atos intencionais dos sujeitos. Ela privilegia a descrição da intencionalidade dos atos em detrimento da intencionalidade de horizonte, como se o fato de se ter consciência do objeto já não contivesse em seu bojo a consciência de mundo, embora já estivesse bastante claro na teoria husserliana que a consciência de um objeto é sempre mediada pelo fenômeno e que a percepção é dada em perfis.

Nessa etapa da construção da teoria husserliana, ainda se falava de abstração sensorial, abstração categorial e abstração intelectiva como atos subsequentes e não concomitantes.

Esses resquícios de empirismo vão sendo retrabalhados por Husserl ao considerar a intencionalidade de horizonte. Com isso, a descrição da origem ganha mobilidade relacional. Ela revela que os objetos não só são vistos sob diversas perspectivas, mas também em diferentes "modos de doação". Por exemplo, na presença de um objeto vermelho, temos a percepção da cor vermelha ora como o vermelho do objeto, ora como a vermelhidão de todos os objetos vermelhos, expondo a ideia tácita da cor vermelha e, ainda, a apreensão da categoria "cor" em ato de percepção. Agora, unidos num só ato de percepção, têm-se dois modos de doação: o objeto como um ente individual e o objeto como membro de uma categoria.

Os momentos da construção da teoria husserliana aqui descritos, e outros que os seguem – os quais colocam a origem dos objetos matemáticos no movimento da tradição, englobando a construção do conceito dos objetos da Matemática –, vão lidando com a questão "o que é número?". Essa explicitação contempla os modos de presença de números, considerando-os também no mais alto nível de objetivação, a saber, como "estruturas formais".[8] Limito-me, neste ensaio, a discorrer sobre a origem primordial dos números e os elementos fundantes da explicitação husserliana, que abarcará aquilo que hoje chamamos de números naturais, os irracionais e os complexos, tendo como pano de fundo o desenvolvimento fenomenológico da ideia de origem e suas

7 Idêntico é usado aqui no sentido de os fenômenos coexistirem em aspectos estruturais, que revelam similaridades essenciais.

8 Ao usar a expressão "estruturas formais", refiro-me à maneira como a Álgebra abstrata define e teoriza os conjuntos numéricos, usando a ideia das estruturas matemáticas e dos sistemas de axiomas.

implicações na conceituação de números como objeto matemático, cultural e, acima de tudo, humano.

A crítica tecida por Husserl para a definição de número deixa claro que o mais importante não é como definimos "número", mas como entendemos a "definição" que damos. Isso quer dizer ter em mente os significados que atribuímos às palavras usadas na definição. Portanto, na visão husserliana, esclarecer o conceito de número é construir uma descrição, uma análise e uma interpretação de fenômenos nos quais os números se mostram. A proposta fenomenológica de conceito de número se constitui, assim, num estudo descritivo dos modos pelos quais e nos quais os números se fazem presentes no mundo em que vivemos, e que abarca o mundo natural, o mundo constituído por nossos esforços culturais e o mundo em construção como projeto de anseios pessoais, coletivos e científicos.

Husserl parte da compreensão de que "número" é uma "pluralidade determinada", expressa em língua alemã como *bestimmte Vielheiten* e em inglês como *determinate multitude*. Ao pesquisar as raízes da palavra *Vielheit*, dei preferência ao termo "pluralidade" porque designa qualidades atribuídas a mais de uma pessoa ou coisas e, além disso, essa palavra contém a indeterminação incutida na palavra *Viel*, que designa "muitos", e em que está implícita a intenção de uma quantificação. Com base nessa afirmação, unida à ideia husserliana de que uma "definição" deva trazer à luz os modos de presença, os números passam a ser considerados não exatamente uma "pluralidade", mas modos de "quão muitos". Ou seja, "muitos" passa agora a ser determinado com precisão, embora nem sempre pelo mesmo processo de determinação. Segundo Miller (1982), Husserl diz que zero e um estão excluídos desse modo de se fazer presença numérica, ou seja, como pluralidade, asserção que será explicitada a seguir.

Faço aqui uma investigação dos significados atribuídos às palavras usadas por Husserl na língua alemã, como também realizo a respeito delas um estudo etimológico, porque é nesse idioma que o autor escreve. Tomo a liberdade de inseri-las no texto porque desconheço palavras na língua portuguesa que expressem aquilo que delas compreendo. E, mais, penso que tal procedimento facilitará a compreensão do encadeamento dos respectivos significados.

A palavra *Anzahl*, traduzida para o português como "número", está diretamente ligada a *Zahl*, também traduzida como "número". *Zahl* significa uma comunicação sobre determinado "estado de acontecimento" (*Sachverhalten*), no caso o estado de pertença a um agrupamento, ou seja, a denotação da presença de "muitos". Quando essa comunicação expressa "cota de uma pluralidade", temos *Anzahl*. Também é interessante que a palavra *Zahl* esteja relacionada ao verbo *zahlen* e seus variantes, que significa "pagar", assim como ao verbo *zählen*, que significa "contar".

Uma vez que Husserl parte da ideia de número como uma "pluralidade determinada" e propõe um conhecimento do significado das palavras envolvidas na explicitação, não seria difícil imaginar que os fundamentos da primeira análise sobre número, em termos matemáticos, fosse a paridade posta na pluralidade; em termos filosóficos, a "situação de acontecimento" e seus correlatos "estados de conhecimento"; em termos da construção do conhecimento da Aritmética, em concordância com a Matemática, a contagem. Todos esses significados são coroados pela ideia de que o conhecimento aritmético se dá como sequência de atos intencionais que têm uma evidência primeira dada no ato de percepção da identidade.

Husserl faz uma distinção na apresentação da evidência primeira de números. Tal evidência, segundo ele, pode ser "autêntica" quando se fizer vigente, atual, como é o caso das pluralidades. Pode ser "simbólica" ou "inautêntica" quando se fizer presente mediante signos numa equivalência lógica. De ambas as formas de apresentação emerge o objeto categorial "número", ora como "identidade em presença", ora como "identidade em ausência".

Compreender a origem fenomenológica de número, partindo da afirmação de que número é uma "pluralidade determinada", é compreender os atos intencionais correlatos que possibilitam ao número emergir como identidade. Portanto, estudar a origem fenomenológica ou a constituição de números é estudar modos específicos de presença e ausência característicos dos números (Miller, 1982, p.45). Comecemos pelo modo específico de apresentação: o número como presença.

O fundamental aqui é compreender os processos que constituem a determinação de uma pluralidade. Se retomarmos os conceitos de "estados da coisa" e "situação da coisa", agora numa perspectiva linguística, a constituição do estado da coisa ou de um fato se dá por meio de julgamentos predicativos. Porém, se queremos complementar a compreensão sobre essa constituição, precisamos primeiro tematizar a "situação da coisa" em termos pré-predicativos. Esse é o caminho tomado por Husserl para explicitar o termo "pluralidade determinada", partindo da vivência de agrupamento chamada por ele de experiência de grupo sensório.

A trajetória do desenvolvimento da explicitação dessa experiência nas obras de Husserl encontra-se detalhada em Miller (1982). Aqui, apresento algumas considerações relevantes para a proposta do texto, que é tecer um panorama fenomenológico sobre número.

Há dois fatores que se destacam na análise intencional da experiência de grupo sensório. O primeiro é que percebemos um grupo[9] num só golpe de vista, como uma intuição unitária, como um todo. Cada item do grupo parece ter, concomitantemente, integridade e independência, ou seja, cada item pertence ao todo e é "um outro" em relação aos demais. Pode-se assim dizer que o discreto e o unitário são elementos coexistentes e essenciais do fenômeno "grupo sensório". Porém, é necessário atentar para o fato de que a palavra "unitário" designa aqui o unitário do grupo, e não o dos indivíduos. Há, com essa experiência passiva do unitário, a experiência da "similaridade". Essa experiência é descrita por Husserl em *Filosofia da Aritmética* (apud Miller, 1982) como um ato de percepção que se dá de forma passiva, ou seja, sem apelar para a atividade comparativa do pensamento. A similaridade é percebida como uma característica essencial do grupo como um todo, um caráter específico que vem à tona sem que os indivíduos do grupo sejam comparados entre si.

Como segundo fator da experiência de grupo sensório, Husserl aponta a configuração dos itens do grupo. A "configuração" é uma condição de formação. Assim, por exemplo, se alteramos uma ordem primeira dada no grupo, notamos a variação antes de nos dar conta do que de fato mudou. Num único golpe de vista, podemos perceber que a configuração agora, depois da mudança, é diferente. Husserl afirma que esse momento figural serve como "signo" do próprio grupo.

Por outro lado, a presença de um grupo sensório não é presença de número, embora seja um componente essencial deste, pois ele é a fundação sensória da contagem autêntica, a qual gera presença originária de número, uma vez que ela é o básico da determinação "quão muitos", que leva à constituição de número como presença.

Para completar a explicitação da origem primordial de número, apresento uma descrição sucinta dos atos intencionais que compõem a atividade categorial por meio da qual a determinação da pluralidade é realizada, tendo como conteúdo passivo as características do grupo sensório antes descritas.

Entendo que a determinação da pluralidade se dê num *processo* de "estocagem", no qual está implícita uma realização não instantânea que, portanto, deverá ser composta de atos não instantâneos, ou seja, aqueles que não se realizam num só golpe de vista, pois os atos intencionais devem direcionar-se

9 A palavra usada por Husserl para designar grupo é Menge – em português: "conjunto". Porém, nesse contexto a palavra não designa o significado matemático de conjunto.

a cada item de maneira sucessiva. É preciso inspecionar cada item como parte independente de um mesmo todo. Isto é, em adição ao primeiro item, como um inexplicável resíduo, outro item se interconecta. Assim, a cada exame do item, elabora-se uma síntese passiva como resíduo. Esta fundamenta o novo exame, dando continuidade ao processo de estocagem e realizando a contagem autêntica, que contempla a razão "do todo" do grupo, diferentemente de uma explicação que considera o todo formado pelo processo "um a um", em que os momentos de ato não se interconectam e o resíduo final é considerado um simples somatório. Também fazemos uso desse processo devido à limitação da habilidade de retenção, que denota outro modo de determinar a pluralidade, a ser explicado a seguir.

Miller (1982) afirma que a explicitação do processo de estocagem de um grupo sensório serve para termos outra visão do grupo sensório, uma vez que nessa abordagem ele desponta como um simples golpe de vista, ou, ainda, como pluralidade. O autor destaca também que, na explicação husserliana, o todo abarca partes distintas como "idênticas". Em suma, Husserl resgata a importância da atividade categorial, que engendra a constituição de número.

O processo que promove a atividade categorial primeira é o da comparação. Compreendemos uma pluralidade determinada como ponto de partida para cada outra pluralidade determinada nas relações de maior, de menor e de igual. É a atividade da comparação que gera essas relações essenciais na formação originária dos números. Ela nos leva ao conceito de pluralidade de unidades, e forma a série de números 2, 3, 4,..., o que requer julgamentos sobre igualdade e inigualdade.

Para Husserl, a atividade da comparação aponta para outro modo de ser presença de número, o número como ausência, a presença simbólica, uma vez que uma pluralidade determinada pode ser comparada com 2, com 3, com 4 etc.

É a atividade da comparação que conduz à relação de correspondência um a um, que, por sua vez, encobre a situação de número como presença, visto como pluralidade.

Assim que os números são nomeados ou simbolizados, e isso é possível porque têm características de signo como configuração, podem ser intencionados em sua ausência. Existem maneiras de se fazerem ausentes. Como exemplo, se o número for chamado 1) a responder à pergunta: Quantas laranjas estão no cesto? e 2) a descrever situações como: Sete das dez laranjas do cesto estão podres, vemos que em tais contextos todo o processo de estocagem e comparação, até aqui descrito, está oculto. Porém, ainda assim, está presente um ato específico de contagem, embora não aquele descrito anteriormente, o da contagem autêntica, ainda que fundado nela. Por causa disso, a contagem, mesmo a não autêntica, traz o primordial do número na sua forma ausente.

Por outro lado, a forma ausente do número suscita a ausência de número. Ao se perguntar sobre quantas laranjas estão numa cesta vazia ou com uma única laranja, nesse contexto que nos é oferecido o grupo sensório se faz presente como falta, como privação de solo emergente de número, mas a resposta é dada: 0 e 1, porém não como um *Anzahl* – número como presença. Esse fato indica que há uma faceta do número que pode ser intencionado sem fundamentação sensória vigente. A fundamentação que sustenta o avanço da compreensão fenomênica de número é dada pelas formas simbólicas de número que compõem seus sistemas numéricos, os quais, por sua vez, são isomorfos em relação aos sistemas conceituais de número.

Apesar da complexidade desta última afirmação, poderíamos aqui exemplificar, com inúmeras passagens da História da Matemática, a existência de sintonia entre os sistemas conceituais de números e os sistemas que os expressam. Para isso basta que façamos um passeio pelas culturas. Cada cultura expressa e compreende à sua maneira o "quantos muitos", sem, no entanto, ocultar a intenção de determiná-lo.

O isomorfismo entre o sistema de numeração e o sistema conceitual de número será tratado aqui do ponto de vista da Filosofia da Educação Matemática.

Signos, símbolos e sistema de numeração

Comecemos a explanação evocando um trecho da obra *Signos*, de Merleau--Ponty (1991, p.96):

> Não digamos, pois, que toda expressão é imperfeita porque subentende; digamos que toda expressão é perfeita na medida em que é compreendida sem equívoco, e admitamos como fato fundamental da expressão uma superação do significante pelo significado, que é tornada possível pela virtude própria do significante.

Sem a pretensão de esgotar a interpretação dessa citação, podemos porém considerá-la como a atual compreensão fenomenológica da linguagem e seus signos, que contemplam e estão em harmonia com as ideias matemáticas husserlianas trabalhadas desde *Filosofia da Aritmética*, passando por *Investigações lógicas*, *Ideias*, *Lógica formal e transcendental*, até o famoso texto *O estabelecimento e o problema da duração* e *A origem da Geometria*, obra em que o autor tece uma articulação fenomênica da presença e da duração dos sentidos aflorados no *Lebenswelt*.[10]

Voltaremos oportunamente à citação de Merleau-Ponty. Agora, precisamos entender a articulação entre as ciências exatas e a linguagem na perspectiva fenomenológica, pois essa compreensão pode fazer com que atribuamos significados às ciências exatas, tanto do ponto de vista da construção do seu corpo de conhecimento como de suas aplicações, estabelecendo com elas outra dialética, diferente daquela que nos leva a crer que as ciências exatas sejam uma ilusão gerada no paradigma absolutista das ciências do mundo moderno.

As ciências ocidentais perseguiam a seguinte pergunta: podemos atingir o conhecimento da verdade por meio da mera opinião? Como conhecer então a verdade? Ao se buscar uma resposta para essas questões, o conhecimento absoluto fundamentado na lógica dedutiva desponta como uma garantia de aproximação à verdade.

Segundo a análise de Steiner (1997), o engano das ciências modernas, quando analisadas pelo prisma da Fenomenologia, é o de considerar o conhecimento absoluto um conhecimento sem relativismo. Para a Fenomenologia, o conhecimento absoluto é relativo à ideia de episteme, a qual é o princípio orientador das ciências. Portanto, o próprio conhecimento absoluto é um conhecimento perspectivista.

Do ponto de vista da Fenomenologia, todo conhecimento é perspectivista. Isso nos faz perguntar: seria o conhecimento científico uma "torre de Babel", sujeito a ângulos de visão e ao subjetivismo que condenam os indivíduos a não terem a chance de se expressar e se compreender? Estaríamos entregues a um relativismo sem fim? A resposta fenomenológica a essas questões, como já explicitado no capítulo 1, é que

> o solo no qual toda perspectiva imaginável pode ser tomada é o *Lebenswelt*. Sustentado por essa concepção de mundo, Husserl procura restituir na medida do possível e imaginável o sentido autêntico – *Sinn* – de objetividade, não contemplado pelas ciências naturais. (Kluth, 2005, p.45)

10 Mais detalhes sobre *Lebenswelt* (mundo-vida) no capítulo 1. Ou, ainda, em Kluth (2000).

Essa asserção fenomenológica quer dizer que as perspectivas que geram conhecimento não são desassociadas. Acontecem no encontro do homem com o mundo, são horizontes temporais e espaciais e têm um mesmo solo propulsor, o *Lebenswelt*.

É por isso que na atitude fenomenológica se busca realizar a análise intencional do que está sendo dito do mundo, ao se afirmar isto ou aquilo dele, desta ou daquela perspectiva, podendo assim abarcar modos de se fazer uma ciência específica como *logos* cultural e como tradição.

A Matemática, por exemplo, vista como tradição, é uma realização humana. Tem origem estabelecida ao ter sido a primeira aquisição originada da primeira atividade subjetiva criadora, esta última possibilitada por uma "evidência originária" que tem como solo o *Lebenswelt*. A descrição da origem do número, dada antes, legitima essa maneira de pensar a Matemática como evidência originária, sujeita a um dinamismo realizador de sínteses contínuas, em que todas as aquisições anteriores continuam válidas e formam uma totalidade, de tal forma que, em cada presença total, com o sentido historicamente construído, dado nas sínteses de transição, está a premissa total para a aquisição de um novo nível. Dessa forma, o sentido das aquisições anteriores fica conservado, ao menos nas características nucleares. Neste capítulo pudemos explicitar o número como presença. A síntese de transição aparece como a sustentação do surgimento do número como ausência, em sua forma simbólica.

Convido agora o leitor a acompanhar um exercício de compreensão de uma sequência de expressões de número inspirada na citação de Merleau--Ponty, que as considera perfeitas na medida em que são compreendidas sem equívocos, ou seja, dando-se conta da superação do significante pelo significado, elucidação possibilitada pela própria característica do significante. Entenda-se aqui a síntese de transição como o significante a ser superado. O exercício constrói um ensaio que segue o modo fenomenológico de elaborar uma história, cujo procedimento é explicitado por Kluth (2005), e neste texto é aplicado à história dos números. Tal ensaio tem como ponto de partida o sistema de numeração decimal, usual em nossos dias, e que se encaminha em retrospecto considerando aspectos da constituição dos números até a sua origem primordial.

Sequência de expressões a serem analisadas

Símbolos da Índia

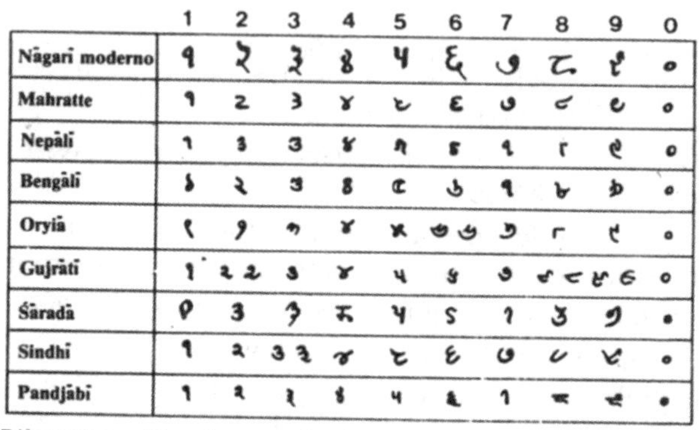

Diferentes estilos de notação dos algarismos fundamentais da numeração decimal de posição atualmente em uso na Índia.

Figura 3.1 Ifrah, 1989, p.227.

Na Figura 3.1, percebemos os símbolos numéricos inseridos num sistema que abarca o 0 e o 1. A figura denota os números como presença e ausência, e os símbolos se modificam conforme os estilos.

A escrita egípcia

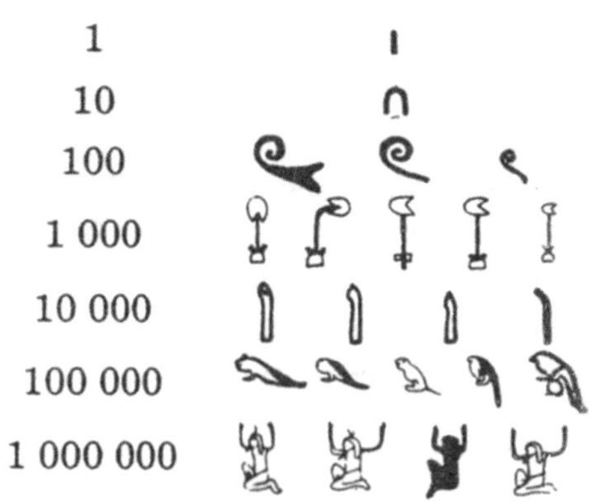

Os algarismos hieroglíficos egípcios.

Figura 3.2 Ifrah, 1989, p.158.

Na escrita egípcia (Figura 3.2), encontramos símbolos ligados à natureza para apresentar valores maiores, e símbolos mais esquematizados – simples traços – para apresentar valores menores, como 1, 2 e 3, denotando uma aproximação da contagem com a comparação.

Cultura inca – América do Sul

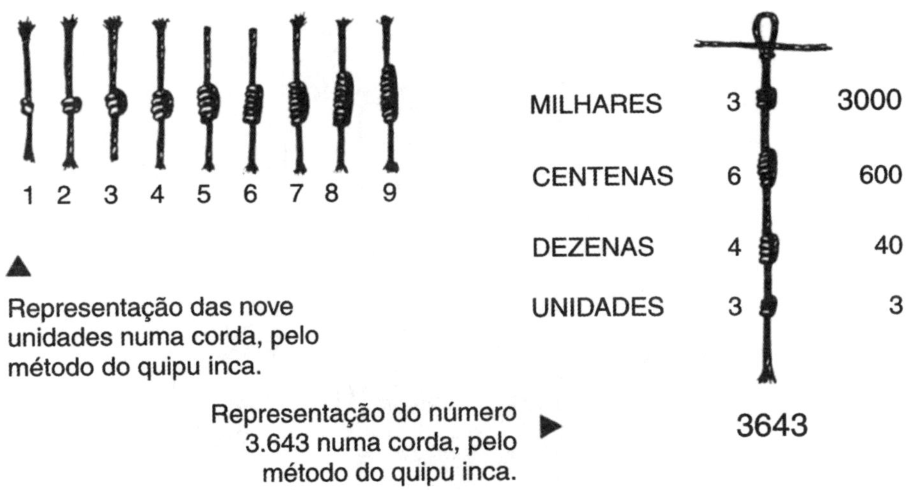

Figura 3.3 Ifrah, 1989, p.100.

A Figura 3.3 mostra os quipos, da região do Peru, Equador e Bolívia, símbolos autênticos de pluralidades determinadas que anunciam cotas e, mais que isso, pode-se notar neles um procedimento de comparação entre pluralidades determinadas, ordenadas numa sequência de potências de 10 que vai do maior ao menor valor.

O corpo como expressão

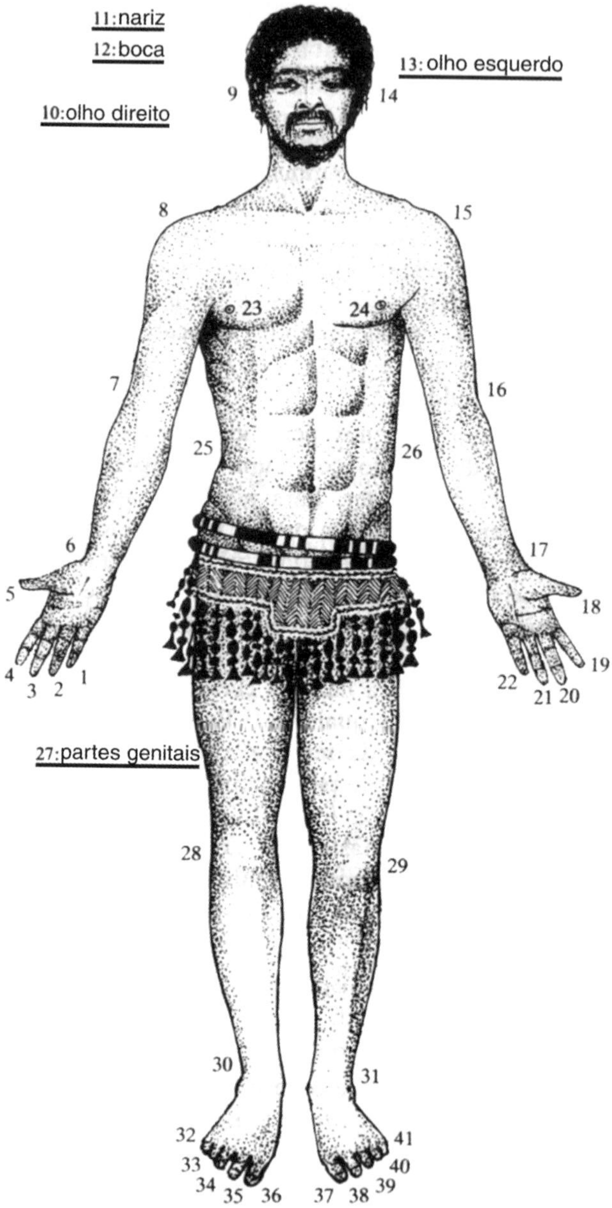

O corpo humano: origem da aritmética
(técnica corporal utilizada pelos papua da Nova Guiné).

Figura 3.4 Ifrah, 1989, p.33.

Já na Nova Guiné (Figura 3.4), os nativos usavam o próprio corpo para designar as pluralidades determinadas que conheciam, constituindo uma sequência de pontos de referência que ia da mão direita à esquerda, passando pela cabeça, usando pontos que se cruzavam no tórax e nas pernas para, enfim, usar os dedos do pé direito ao pé esquerdo de forma sequencial. Aqui temos bem claro o processo de contagem como um processo de estocagem que permite se alcançarem valores maiores. Nota-se que o conjunto de símbolos não apresenta o número como ausência, embora atinja o valor de quatro dezenas e uma unidade.

Gestos de mão que designam pluralidades em determinação

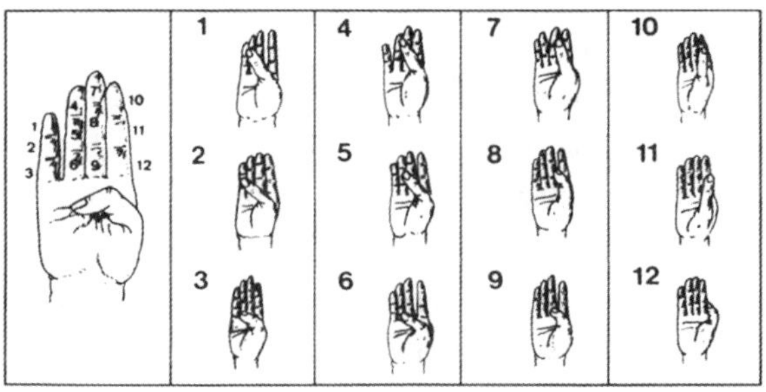

Figura 3.5 Ifrah, 1989, p.66.

Na Figura 3.5 temos gestos realizados com a mão que simbolizam a contagem e os valores de 1 a 12.

Os entalhes

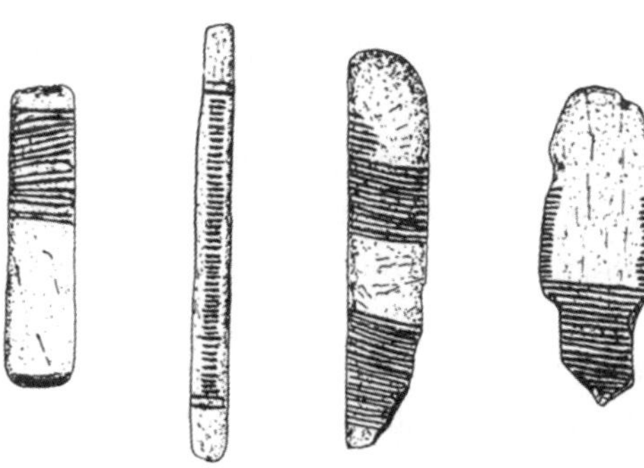

Os entalhes do Paleolítico Superior (35000 a 20000 a.C.).

Figura 3.6 Ifrah, 1989, p.104.

Na Figura 3.6, vemos nos entalhes pré-históricos simbolismos de pluralidades em determinação, o número como presença.

Como podemos perceber, os símbolos se modificam e, de certa maneira, expressam o movimento da determinação de pluralidades. Mas poderíamos nos perguntar: por que reconhecemos números nesses símbolos? O que permanece entre um símbolo e outro?

Estamos agora diante da articulação posta entre a ciência Matemática e a linguagem. Para compreender essa articulação, precisamos adentrar o território da linguagem e explicitar como a Fenomenologia a compreende como objeto de estudo.

Observamos que na língua comum as palavras signo ou símbolo (*Zeichen*) englobam dois significados: "expressão" e "índice". A princípio, conforme Derrida (1994), Husserl afirma que haveria signos que não expressariam nada que se pudesse chamar de significado e de sentido; estes seriam os índices. Mais tarde conclui que não seria próprio do signo ser ou não ser expressão e, sim, próprio da intencionalidade que o constitui, e que a diferença entre índice e expressão é mais funcional do que substancial. Portanto, Husserl se volta para a questão do expressivo, distinguindo os significados das palavras: significado (*Bedeutung*) e sentido (*Sinn*). Ele afirma:

> *Bedeutung* é reservada ao conteúdo de sentido ideal da expressão verbal, do discurso falado, ao passo que o sentido (*Sinn*) cobre toda a esfera noemática até sua camada não expressiva: adotamos como ponto de partida a distinção bem conhecida entre a face sensível e, por assim dizer, carnal da expressão, e sua face não sensível, espiritual. (Derrida, 1994, p.27)

Essa distinção é importante, pois a objetividade ideal da Matemática conquistada por um ser humano é compartilhada com outros seres humanos pela linguagem que expressa a realização originária, bem como o produto do ato subjetivo que pode ser compreendido por outro ser humano que não o tenha realizado. Assim, ocorre um ato de repetir de pessoa a pessoa a compreensão efetuada e, na cadeia do entendimento dessa repetição, tanto na linguagem falada como na escrita, pode-se dar a evidência daquilo que é dito.

Porém, o sentido total de uma idealidade que se forma na dialética homem-homem e homem-mundo, no fluxo do tempo, não está presente no início da construção, na sua origem primordial. Vimos, nos entalhes, que na constituição de número, num primeiro momento, ele é um *Zahl*, uma comunicação da presença de pluralidade.

O sentido – que aparece no movimento de continuidade dessa realização primeira que, como configuração, é signo e forma de expressão com sentido atual – abre-se para uma nova significação e, na evidência das realizações, primeira e posteriores, está a intencionalidade que funde homem e mundo.

No movimento da construção de uma idealidade, está implícita a construção de um sistema linguístico que a expressa. Há, portanto, um isomorfismo entre o sistema conceitual e o sistema simbólico. Se assim não fosse, o sistema de numeração não poderia apresentar os números. O sistema de numeração, pensado como linguagem, revela sentidos numéricos. O valor expressivo de cada número diante dos demais não é um efeito de sua associação, mas sua razão. Merleau-Ponty (1975) afirma que o signo apresenta o sentido não por uma associação empírica, mas na relação com os outros signos, e essa relação é a mesma do objeto apresentado por ele, signo em relação aos outros objetos. Significa que o signo carrega a coerência das relações e é o lugar onde as estruturas se fazem presentes para os sujeitos, aqui pensados como seres capazes de atos que fazem do signo sinais plenos de sentido, possibilitando uma superação do significante pelo significado. Isso pode ser dito de outra maneira, a saber, que os estados de acontecimento do número, que correspondem a uma situação de acontecimento no *Lebenswelt,* estão abertos a novas interpretações que os complementam.

O número 2, por exemplo, aquele que já foi somente pluralidade, grupo sensório, configuração; aquele que participou da contagem autêntica, da contagem um a um, pensado agora como número natural, um de seus estados de acontecimento, não possui as mesmas propriedades operacionais que o número 2 como número inteiro, outro estado de acontecimento do número. Os símbolos das operações dos números naturais precisam ser interpretados na camada de objetivação da idealidade "número inteiro". Quer dizer que os símbolos das operações e da idealidade expressam sentidos abertos à complementaridade e, portanto, devem ser interpretados até os limites dados pelo próprio sistema de numeração. No corpo do conhecimento matemático atual, é o estudo da completude dos sistemas de axiomas que anuncia essa limitação numa perspectiva das estruturas matemáticas.

Se hoje pensamos os números como estruturas vazias de conteúdo específico, que dão forma quantitativa a conjuntos arbitrários de objetos quaisquer, não significa que os números, como estrutura, não tenham um conteúdo de sentido, perfilado no fazer histórico da Aritmética. Os sentidos de identidade, de configuração, de comparação e de pluralidade determinada permanecem presentes nas estruturas matemáticas, incrustados na linguagem da Matemática formal que os expressam.[11]

Imagem fenomênica de número na alfabetização aritmética

Alfabetização aritmética

Não cabe, neste momento, explicitar de forma sistemática o significado da expressão "alfabetização aritmética" em termos de uma Filosofia da Matemática husserliana aberta à Filosofia da Educação Matemática, tendo como tema os números. Entendemos que a expressão "alfabetização aritmética" cumpre, agora, a função de aglutinadora de compreensões fenomênicas de número e movimentos conceituais e ideológicos já presentes na região de inquérito da Educação Matemática sobre a alfabetização matemática, visando à construção da dialética proposta a princípio. Incluímos, assim, alguns autores que podem participar desse início de diálogo.

Danyluk insere a escrita dos números no contexto da alfabetização, realizando um estudo hermenêutico sobre a expressão "alfabetização matemática" na qual fica inserida a palavra "alfabeto", para significar uma expressão da ciência e, portanto, considerando a simbologia dos números como alfabeto. A autora justifica essa inserção nos seguintes termos:

> Compreendo a alfabetização matemática, portanto, como um *fenômeno* que trata da compreensão, da interpretação e da comunicação dos conteúdos matemáticos ensinados nas escolas, tidos como iniciais para a construção do conhecimento matemático. Ser alfabetizado em Matemática, então, é compreender o que se lê e escrever o que se compreende a respeito das primeiras noções de Lógica, de Aritmética e de Geometria. Assim, a escrita e a leitura das primeiras ideias matemáticas podem fazer parte do contexto da alfabetização. (Danyluk, 1998, p.20)

Fonseca (2004), ao escrever sobre a ampliação das demandas de leitura e escrita da população brasileira, afirma que estamos muito mais acostumados com a palavra "analfabetismo" do que com "alfabetismo". A compreensão

11 A explicitação do movimento fenomenológico de (res)significação das estruturas matemáticas foge ao intento deste capítulo. Ela está elaborada em Kluth (2005).

do que é o analfabetismo aponta, num primeiro momento, para uma (res)significação do próprio termo que extrapola a tecnologia do ler e escrever, acrescentando uma nova função: a da inclusão social do analfabeto na formação do homem como cidadão que saiba exercer seus direitos.

> Por outro lado, o fenômeno do alfabetismo, seus níveis e suas possibilidades, diferentes condições e estratégias de responder "adequadamente às intensas demandas sociais pelo uso amplo e diferenciado da leitura e da escrita", é para nós uma preocupação nova, porque "só recentemente se configurou como uma realidade em nosso contexto social". Se antes a enorme dimensão do problema do analfabetismo não nos permitia perceber ou focalizar a complexidade deste outro fenômeno – o "estado ou condição de quem sabe ler e escrever –, que não é apenas o oposto daquele, mas que é ora absolutamente diverso, ora surpreendentemente próximo dele em sua configuração e enfrentamento, atualmente passamos a enfrentar esta nova realidade social" em que não basta apenas ler e escrever, é preciso também saber fazer uso do ler e do escrever, saber responder às exigências de leitura e de escrita que a sociedade faz continuamente. (Soares, 1999, p.19-21, apud Fonseca, 2004, p.12)

O interessante na oposição alfabetismo x analfabetismo, posta por Fonseca, é que ficam explicitados aspectos do alfabetismo funcional que complementam a função da alfabetização, não evidenciando, e não negando, o conhecimento das ciências a serviço da humanidade, mas evidenciando o conhecimento de uma ciência a serviço do homem no seu dia a dia temporalizado e espacializado, ao analisar o analfabetismo.

Toledo (2004) traz uma interessante descrição sobre o numeramento (*numeracy*, em inglês). Segundo a autora, "numeramento" pode ser entendido como um domínio de habilidades que envolvem um subconjunto de capacidades essenciais tanto na Matemática como no letramento que, de modo geral, é o uso da comunicação escrita.

O numeramento, ao se referir às habilidades que os indivíduos têm de desenvolver para enfrentar situações do mundo atual ou para interpretar resultados matemáticos ou elementos quantificáveis, se sobressai na medida

> [...] em que as tarefas e as demandas do mundo adulto, diante do trabalho ou da vida diária e dos diferentes contextos nos quais o indivíduo pode estar inserido, acabam por requerer muito mais que simplesmente a capacidade de aplicar as habilidades básicas de registros matemáticos. (Toledo, 2004, p.94)

Vejo no numeramento um destaque para a compreensão da Matemática como uma ciência a serviço de um movimento de formação humana, que é também profissionalizante por se tratar de adultos que enfrentam um cotidiano específico: o mundo adulto, do trabalho.

Barreto (2005) investiga a alfabetização matemática de adultos. Ao inquirir sobre os motivos que levaram senhoras idosas a frequentarem o curso de alfabetização para a terceira idade, os depoimentos revelaram que, embora elas quisessem dominar as técnicas de leitura e escrita, queriam mais que isso. Queriam dominá-las não só para poder ler, mas para modificar sua condição de existência. A autora conclui que:

> As mudanças, entretanto, não vêm como consequência direta da aprendizagem da leitura e da escrita. Elas estão relacionadas com o modo como cada um vive o seu tempo [...]: em atividade, em espera, em esperança, no desejo, em ato ético, em prece. Ou seja, não é o domínio da leitura e da escrita e seu uso para atender demandas sociais que mudam a condição do sujeito. É por isso que nos alerta Frago [...], quando fala dos riscos da alfabetização. Ela tanto pode liberar como conformar o indivíduo para atender à demanda de uma sociedade exploradora, consumidora, fútil. E aí, nessa conformação, sabendo escrever bilhetes, telegramas, ler livros e revistas, ler manual e quaisquer que sejam as demandas de leitura, ainda assim poderão continuar vivendo no todos nós e ninguém, colocado por Heidegger [...]. Se o letramento faz referências a mudanças de condição ou estado, estas só podem ocorrer se a pessoa, pelo domínio das habilidades de ler e escrever, puder se perceber sendo no mundo com os outros, ampliando e criando possibilidades de existir, antecipando o futuro e se vendo em mudança ao se projetar. (Barreto, 2005, p.98-9)

Nessa análise sobre as mudanças possíveis de ocorrer durante a alfabetização, a autora resgata o humano nos movimentos mundanos que se referem à alfabetização, quer nos aspectos científicos ou de utilidade, quer nos aspectos sociais.

Para finalizar esta seção, entendemos que a alfabetização aritmética está inserida na alfabetização matemática. As ideias defendidas pelos autores contribuem enormemente para a explicitação da alfabetização aritmética, no sentido de delinear regiões que não podem ser esquecidas em suas práticas. Ela deve contemplar a fala da ciência como comunicação de projetos culturais, projetos individuais, projetos coletivos, e agregar posturas conscientes de crítica que levem a compreender o mundo que construímos com as ferramentas que a humanidade desenvolveu e com os modos de utilizá-las que conhecemos. Mais importante ainda, fazer-nos sentir no mundo como participantes de uma mesma jornada, embora caminhemos de maneiras diferentes. As ideias aqui expostas compõem a lâmina de reflexão em que incidirá o pensar fenomenológico sobre a constituição de número para podermos iniciar a construção de uma imagem desse pensar na práxis da alfabetização aritmética.

Uma reflexão em busca da interlocução

Partindo do princípio de que a alfabetização aritmética tem de desempenhar seu papel educacional social, o qual incluiria um despertar de mundo, não só do mundo que aí temos construído, mas também de suas outras possibilidades de ser, entendemos que um programa de alfabetização para os anos escolares iniciais que contemplasse a origem primordial do número proposta por Husserl poderia ser bastante valioso no movimento de dar-se conta, de forma atenta, às concepções de mundo e de número. Seria um programa com raízes num contexto que abriria portas não só ao entendimento do cotidiano, mas também ao entendimento do cotidiano na perspectiva matemática.

Nem tudo no mundo precisa ser quantificado para ser interpretado ou compreendido. Não há necessidade de se colocar a Matemática onde ela não está, ou não está naquele momento, ou, ainda, não está sendo de fato solicitada pela finalidade para a qual aponta a problemática a ser solucionada.

Como já foi explicitado, para que "algo" seja preenchido de uma estrutura vazia de conteúdo específico, isto é, de uma forma vazia, é necessário que esse "algo" satisfaça alguns aspectos, como permitir a percepção da identidade. Por certo esse conhecimento tornaria muito mais fácil a tomada de decisão quanto aos caminhos a serem traçados em busca de solução para as situações mundanas durante a vida das pessoas.

A alfabetização aritmética estaria cumprindo o seu papel ético ao contribuir para a tomada de decisões coerentes com a natureza da situação apresentada e com a escolha de métodos que lhe sejam adequados. No papel de educadores, somos conscientes dos prejuízos que a matematização do mundo educacional trouxe à própria Educação e aos educandos em geral.

Por outro lado, um programa de alfabetização aritmética deve também contemplar o conteúdo científico em seus aspectos históricos, filosóficos e cognitivos. A imagem fenomênica de número aponta para maneiras de se dar como número na presença e na ausência que, em última análise, determinam especificidades de contexto que podem ou não suscitar o aprendizado de número. Nesse modo de pensar, o único Sol que vemos da Terra seria um contraexemplo apropriado de pluralidade para designar a sua não presença, pois não vemos dois sóis, enquanto uma maçã num cesto não seria um contraexemplo. O contexto, nessa abordagem, aproxima-se mais dos aspectos da origem primordial do que dos aspectos da aplicabilidade. Esta está mais suscetível aos movimentos humanos de interesses e de metas a serem cumpridas.

Seguir a trilha fenomênica dos números é abrir a possibilidade de se desvencilhar de interpretações numéricas malogradas. Interpretações que nos levaram e levam a rumos distantes da nossa natureza humana, de um contato saudável com o mundo. Talvez seja por isso que educadores advirtam para o lado ruim da alfabetização.

Bicudo (1999b) analisa a alfabetização em torno da questão: como fica o trabalho de alfabetizar, quando se entende a presença da práxis social no processo de significação dos símbolos linguísticos e no processo de fabricação dos referentes? Conclui que o trabalho de alfabetização requer uma atitude crítica, tanto por parte dos professores como dos alunos, para que seja transcendida a dominação silenciosa dos desdobramentos linguísticos socialmente estabelecidos. Segundo a autora, uma maneira de instalar essa crítica seria

> [...] dissecar o processo de significação realizado pelos alunos, de modo que, na linguagem por eles utilizada ao interpretarem o mundo, a práxis social presente nesse processo seja revelada. (Bicudo, 1999b, p.30)

Inspirada nas ideias de Merleau-Ponty, a autora propõe um programa de alfabetização que privilegie a percepção de si, do outro e do mundo, e os modos de expressão dessas percepções. Aparentemente, a autora sugere nas entrelinhas que os nossos pequenos alfabetizandos possam nos auxiliar a trazer à tona os valores postos nas linguagens.

Tendo a análise aqui exposta como pano de fundo e considerando o princípio do isomorfismo entre o sistema conceitual e o sistema de numeração, parece-me viável construir um programa de alfabetização aritmética que permita o manuseio matemático dos símbolos numéricos. Tal manuseio deve estar fundido na regulação dessa linguagem específica que permite virem à tona os modos científicos conhecidos de "quão muitos", de maneira partilhada, com sentido de mundo, abrindo espaço para os projetos individuais e coletivos de forma crítica e analítica.

Capítulo 4

Conhecimento numérico: um passeio por diferentes concepções culturais

Roger Miarka
Tânia Baier

> A Matemática é frequentemente definida como a ciência do espaço e do número [...] foi assim até o recente desenvolvimento dos computadores e da Matemática quando outra definição se tornou completamente evidente: Matemática é a ciência dos padrões.
>
> Lynn Arthur Steen, 1998

No mundo da Educação Matemática, observando os conteúdos presentes nos materiais de apoio aos professores, pode-se notar que, de todo um cabedal constituído por diferentes culturas em diferentes épocas, apenas alguns tópicos são enfatizados. Foram priorizados os aspectos da Matemática que possibilitaram o crescimento e a consolidação da ciência moderna ocidental.

Neste capítulo, pretendemos destacar diferentes visões dos conceitos de número, nas diferentes culturas, enfocando as visões de mundo subjacentes. Para tanto, apresentaremos, de uma perspectiva fenomenológica, exemplos de objetos matemáticos tratados de diferentes modos, buscando explicitar o sentido com que são trabalhados nos respectivos contextos históricos e culturais. Além disso, permeando a discussão, o capítulo aborda algumas concepções da Fenomenologia de modo acessível aos que pretendem iniciar os estudos nesse ramo da Filosofia.

Os conhecimentos matemáticos são gerados no escopo da vivência humana, criados para responder às perguntas de cada época, atendendo aos anseios de diferentes pensadores e estando presentes num pano de fundo comum a uma comunidade, imbricados num contexto histórico e cultural. Sendo assim, as perguntas provenientes de um pensador, de um matemático, de uma dona de casa, de um comerciante, fazem parte de um mesmo solo, onde todos vivem, agem, sentem, experienciam, sempre junto com os demais seres humanos.

Tanto no mundo da ciência como no entendimento das massas populares, predomina a visão de homem e de mundo que norteou a elaboração da ciência moderna. Conhecida como visão de mundo mecanicista, tida como o único modo de construir conhecimento desde a época de Galileu até o início do século XX, essa postura dominou o pensamento científico e a forma de pensar da população em geral. Como há muito tempo essa maneira de ver o homem e o mundo é dominante, é difícil para a maioria das pessoas conceber outras formas de entender o mundo.

Na postura mecanicista, homem e universo são concebidos como máquinas e regidos por leis imutáveis. Nesse entendimento, tudo na natureza é previsível e passível de controle. A ciência moderna evolui por meio de pesquisas realizadas segundo os princípios estabelecidos por Galileu: pela repetição sistemática de experiências e pela tradução das leis da natureza em linguagem matemática.

Assumir uma atitude ingênua diante do mundo é aceitar com tranquilidade, sem dúvidas, sem colocar sob suspeita, sem uma crítica radical,[1] o que está aí, as ideias postas, as ideologias dominantes, procurando sempre se adequar aos modos de agir pré-colocados. Tal atitude é chamada em Fenomenologia de "atitude natural".

Quando se vale da "atitude natural", o professor de Matemática trabalha, por exemplo, com o conceito de número de maneira restrita e predeterminada, atendo-se ao manuseio de algoritmos prefixados em livros escolares. Portanto, a experiência do aluno com o conceito de número limita-se a um

1 Considera-se radical como "de raiz", no sentido de ir aos núcleos constituintes das ideias, noções, objetos da ciência, situações, histórias. Outras correntes de pensamente realizam a crítica, como o marxismo ou a teoria da educação crítica. Nesses casos, a "crítica" é efetuada na dimensão das ideologias e de discursos políticos, econômicos, de estrutura social da realidade etc.

único perfil de um conceito, admitindo-o como absoluto. Assim, outras expressões matemáticas de diferentes civilizações e culturas não são levadas em conta e são descartadas.

No decorrer dos anos escolares, o jovem vai sendo induzido a entender os números como coisas a serem encaixadas em cálculos a fim de inevitavelmente gerar resultados precisos. É a pretensa exatidão de calcular na Matemática! Podemos nos perguntar, no entanto, sobre a Geometria Euclidiana, considerada de maneira ingênua pela maioria das pessoas, como a única forma de representar o mundo em que vivemos em termos espaciais. Mesmo essa geometria, por meio de seus pressupostos, castra a realidade vivida pelos alunos ao desvalorizar todas as qualidades que vivenciam, valorizando os aspectos de medida, num espaço idealizado, e enfrentando o paradoxo de os mais simples objetos matemáticos estudados, tais como pontos e retas, provavelmente jamais terem sido encontrados em seu cotidiano. Sendo assim, na Geometria Euclidiana, a utilização de número fica limitada ao cálculo de áreas e volumes, perpassando a ideia de um mundo completamente previsível e regular. Com esse enfoque, questões como aquelas ligadas à instabilidade, inerentes ao cotidiano e próprias do mundo, são alijadas da Educação Matemática.

Entretanto, podemos tomar outro caminho e perguntar sobre as possibilidades expressas no mundo com base no que se mostra, no que é vivido, assumindo outra postura diante do que nos rodeia. Vários cientistas, artistas e filósofos, em diferentes culturas e em diversas épocas, criticaram a tendência de reduzir o homem a um objeto separado por completo de outros. Muitos pensadores apontaram as deficiências da visão de mundo mecanicista. Um deles foi Husserl,[2] que, no início do século XX, apresentou a possibilidade de se considerar uma "atitude fenomenológica", criticando o que está posto, buscando compreender que todo conhecimento tem suas raízes nas vivências, bem como analisá-las e refletir sobre elas no contexto em que se deram, permitindo compreensões diferenciadas.

Na postura fenomenológica, o mundo é compreendido como o campo onde ocorrem todas as nossas experiências, ou seja, onde o corpo-próprio realiza ações. "É o campo de todos os pensamentos e de todas as percepções explícitas" (Bicudo, 2000, p.30). Portanto, o mundo não é um receptáculo onde se encontram diversos corpos completamente separados entre si. A concepção fenomenológica considera a copresença dos fenômenos da vida interligados em rede, sendo "mundo" o contexto em que "somos com os ou-

2 Ver capítulos 1 e 2.

tros", um mundo histórico-cultural, denominado por Husserl de *Lebenswelt*, termo traduzido como mundo da vida ou mundo-vida. A expressão "ser no mundo com os outros"[3] é uma das possíveis traduções da palavra alemã *Dasein*, empregada pelo fenomenólogo Heidegger.

O educador matemático, ao assumir uma postura fenomenológica, compreende o aluno como um "ser de possibilidades", cujo mundo-vida histórico e cultural deve ser considerado na sala de aula. No trabalho com o conceito de número, uma possibilidade é considerar as expressões assumidas por diferentes culturas, que trazem inerentes outras visões de homem e de universo.

No mundo da Educação, quando são analisados livros didáticos e vivências em sala de aula, constata-se que, no trabalho com o conceito de número, são enfatizados os aspectos quantitativos. Por exemplo, o valor do número no Ensino Fundamental é estudado por meio de jogos "de subir e descer uma escada" que, mais tarde, são entendidos apenas como posicionados numa reta, pois um grande valor é atribuído ao estudo das funções matemáticas, cuja representação gráfica demanda os eixos cartesianos. Tal enfoque quantitativo foi priorizado durante a elaboração da ciência ocidental moderna e determinou a escolha de certos conteúdos matemáticos que vieram a constituir os currículos escolares, enfatizando sua visão utilitária. No entanto, o aspecto quantitativo da Matemática não é o único possível, e, durante o século XX, constataram-se as limitações das técnicas imbuídas de tal concepção. Na atualidade, busca-se compreender a emergência de padrões surgidos nas mais diversas áreas do saber, por exemplo, na Ecologia e nos estudos ligados à turbulência. Para que a Educação Matemática contemple as questões do mundo contemporâneo, faz sentido que se valorizem também os aspectos qualitativos da Matemática, de modo a se abrirem possibilidades de compreensão.

Para exemplificar, apresentamos, a seguir, um tema estudado no Ensino Médio, o binômio de Newton, relacionado ao triângulo de Pascal. Buscaremos explicitar diferentes expressões desse tema ao longo da História, permeando variadas concepções de mundo e de conhecimento em diversas culturas. Partimos do que se mostra na atualidade, do que vemos, estabelecendo nosso solo experiencial, e caminhamos em direção à sua gênese.

Uma possibilidade de trabalhar o binômio de Newton é priorizar a utilização da escrita algébrica, proveniente da teoria dos números. Desse modo,

---

3 Na postura fenomenológica, o "outro" é entendido como tudo que não sou eu, seja uma presença humana, animal, um objeto inanimado etc.

mostramos ao aluno que, desenvolvendo as potências inteiras do binômio (a + b), temos:

$$(a + b)^0 = 1$$
$$(a + b)^1 = 1a + 1b$$
$$(a + b)^2 = 1a^2 + 2ab + 1b^2$$
$$(a + b)^3 = 1a^3 + 3a^2b + 3ab^2 + b^3$$
$$(a + b)^4 = 1a^4 + 4a^3b + 6a^2b^2 + 4ab^3 + 1b^4$$

As expressões anteriores podem ser reescritas do seguinte modo:

$$(a + b)^0 = 1a^0b^0$$
$$(a + b)^1 = 1a^1b^0 + 1a^0b^1$$
$$(a + b)^2 = 1a^2b^0 + 2a^1b^1 + 1a^0b^2$$
$$(a + b)^3 = 1a^3b^0 + 3a^2b^1 + 3a^1b^2 + 1a^0b^3$$
$$(a + b)^4 = 1a^4b^0 + 4a^3b^1 + 6a^2b^2 + 4a^1b^3 + 1a^0b^4$$

Generalizando, quando **a** e **b** são números reais e **n** é um número natural, temos:

$$(a + b)^n = \binom{n}{0}a^nb^0 + \binom{n}{1}a^{n-1}b^1 + \binom{n}{2}a^{n-2}b^2 + \ldots + \binom{n}{n}a^0b^n$$

Blaise Pascal (1623-1662)[4] foi por muito tempo considerado no Ocidente o criador de uma tabela triangular em que estão colocados os coeficientes dos termos do desenvolvimento de **(a + b)ⁿ**, em que **n** é um expoente inteiro, positivo ou nulo. No livro *Traité du Triangle Arithmétique*, Pascal (1653) apresenta o triângulo aritmético (Figura 4.1), que usava na determinação de coeficientes binomiais e em estudos sobre probabilidade, para determinar o número de combinações de **n** objetos tomados **m** a **m**.

4 Blaise Pascal foi um pensador francês que viveu de 1623 a 1662, com trabalhos em Matemática, Física etc. Foi um dos primeiros idealizadores da calculadora mecânica, construída para ajudar seu pai, Etienne Pascal, a calcular a recolha de impostos. Na Matemática, tem estudos que envolvem seções cônicas e, na Física, realizou uma série de estudos sobre a atmosfera.

1						
1	1					
1	2	1				
1	3	3	1			
1	4	6	4	1		
1	5	10	10	5	1	
1	6	15	20	15	6	1

....

Figura 4.1 Triângulo conhecido como o de Pascal.

Outras maneiras não muito exploradas para a construção do triângulo de Pascal se relacionam à utilização de conceitos contemporâneos de sistemas de funções de iteração, e por meio de *cellular automaton*, conforme apresentados a seguir.

Analisando o triângulo de Pascal, pode-se perceber que um elemento qualquer é igual à soma de dois elementos da linha imediatamente anterior:

$$\binom{n}{i} + \binom{n}{i+1} = \binom{n+1}{i+1}$$

onde **n** designa a linha e **i**, a ordem em que o elemento aparece na linha referida, considerando que as linhas começam com **n** = 0.

Por exemplo: o terceiro elemento da quarta linha (linha 3) é:

$$\binom{3}{2} = \binom{2+1}{1+1} = \binom{2}{1} + \binom{2}{1+1} = \binom{2}{1} + \binom{2}{2} = 2 + 1 = 3$$

Assim, sabendo que a linha inicial do triângulo de Pascal é composta pelo elemento **1** e a segunda por **1** e **1**, é fácil construir o triângulo com quantas linhas se queira, usando um método iterativo.

Pode-se também utilizar a ideia de *cellular automaton* para essa construção. *Cellular automaton* é um modelo discreto estudado, em particular, em teorias computacionais e pela Biologia teórica. Consiste numa grade infinita de células regulares, na qual cada célula possui uma possibilidade finita de estados. Essa grade pode ter qualquer número finito de dimensões. O estado de uma célula qualquer depende do estado de um número finito de outras células vizinhas, seguindo uma regra de iteração. Uma vez especificado, o estado de uma célula não se altera. Cada vez que essa regra de iteração é aplicada a uma grade, na vizinhança de uma célula, uma nova geração de células é criada. Daí seu caráter infinito.

O fractal de Sierpinski (Figura 4.2) é um exemplo de *celullar automata* (plural de *celullar automaton*):

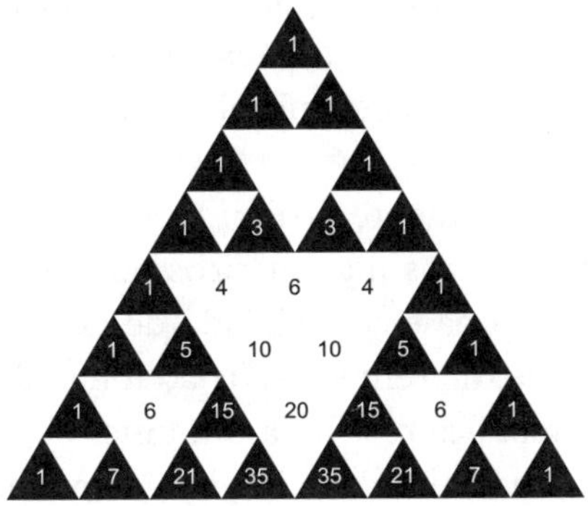

Figura 4.2 Triângulo de Sierpinski (iteração 3).

Com base nas células iniciais, um círculo preto na primeira linha e dois círculos pretos na segunda linha, o triângulo de Sierpinski pode ser construído seguindo uma regra segundo a qual, dados dois círculos adjacentes, o círculo abaixo destes será pintado de acordo com a regra de iteração mostrada na Figura 4.3.

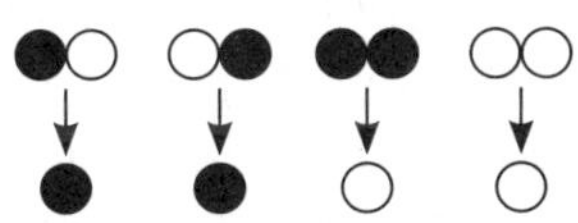

Figura 4.3 Regra de iteração.

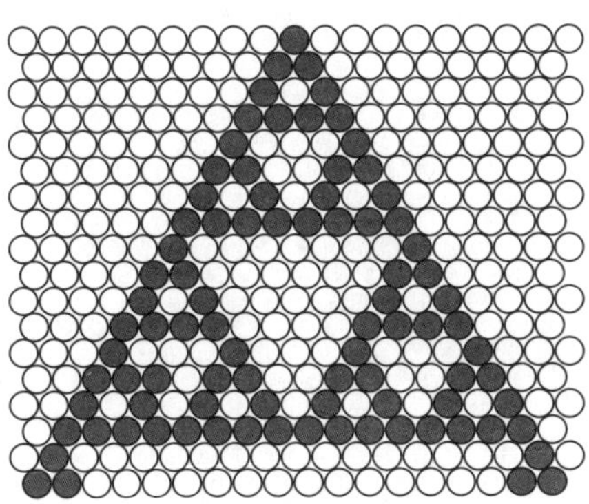

Figura 4.4 Triângulo de Sierpinski (iteração 3).

Comparando-se o triângulo de Pascal com o fractal de Sierpinski (Figura 4.4), observa-se que nas células pretas podem ser localizados os números ímpares e, nas brancas, os números pares.

Esse exemplo trata de células iniciais e regras iterativas. Tais conceitos são fundamentais no estudo contemporâneo de sistemas dinâmicos, popularmente conhecidos como Teoria do Caos, em que é básica a concepção de dependência sensível das condições iniciais, também conhecida como *efeito borboleta*.

O triângulo, tradicionalmente atribuído a Pascal, já era conhecido no Oriente. Esse é um dos objetos matemáticos que mostra como um conhecimento divulgado na Europa é consolidado de tal modo que uma ideia já desenvolvida por meio de diferentes perfis ao longo da História, por diversas civilizações e culturas, fica restrita a um único aspecto, confundindo-se com o conceito, sendo imortalizada, em geral, com o nome do europeu que a divulgou. O próprio Pascal jamais buscou reconhecimento pelo triângulo aritmético que mais tarde levou seu nome. É interessante notar que o desenvolvimento desse triângulo por Pascal se deu na mesma época em que conhecimentos orientais afloravam na Europa, por intermédio dos jesuítas, por volta de 1600.

No livro publicado por Chu-Shï-kiê na China, em 1303, encontra-se o diagrama apresentado na Figura 4.5, em que estão dispostos os coeficientes binomiais até a oitava potência, denominado figura do velho método dos sete quadrados multiplicadores, o que mostra já ser conhecido de longa data. Pode ser observada a semelhança com o triângulo de Pascal. Na China, em sua origem, o diagrama aritmético (Figura 4.5) estava relacionado à extração de raízes, e não às potenciações. Pascal, depois, associou o triângulo aritmético com o esudo de probabilidades (Eves, 1999).

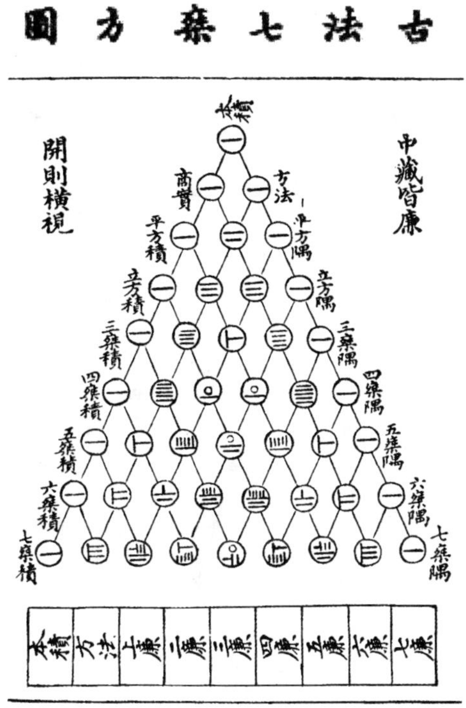

Figura 4.5 Diagrama aritmético chinês.

No triângulo de Pascal, podemos visualizar um padrão numérico relacionado com os números figurados de Pitágoras, que não são representados por algarismos, mas por figuras, e, dependendo da disposição em que se encontram, são chamados triangulares (Figura 4.6), quadrangulares (Figura 4.7), pentagonais (Figura4.8), hexagonais (Figura 4.9) etc.

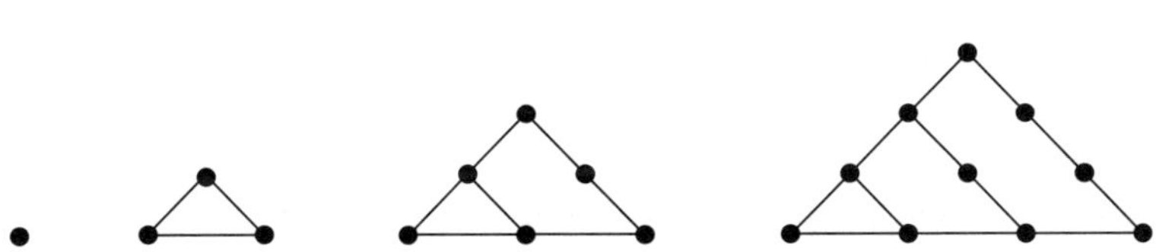

Figura 4.6 Números triangulares.

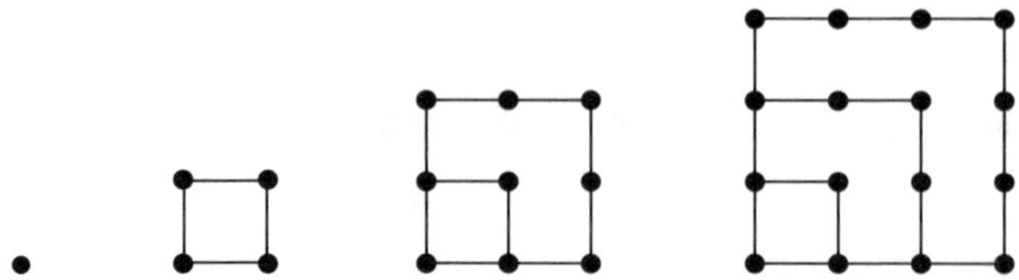

e assim
por diante

Figura 4.7 Números quadrangulares.

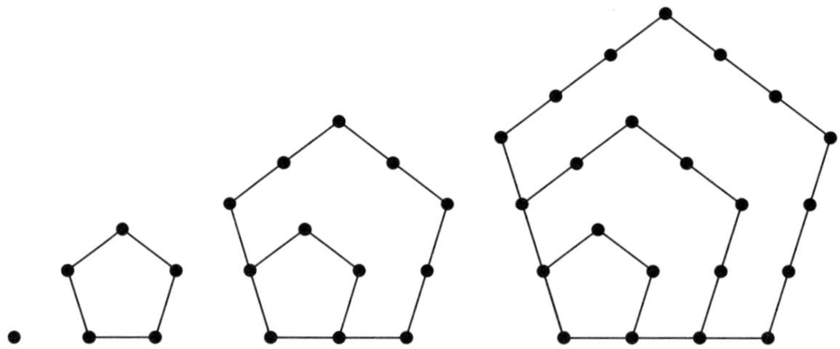

e assim
por diante

Figura 4.8 Números pentagonais.

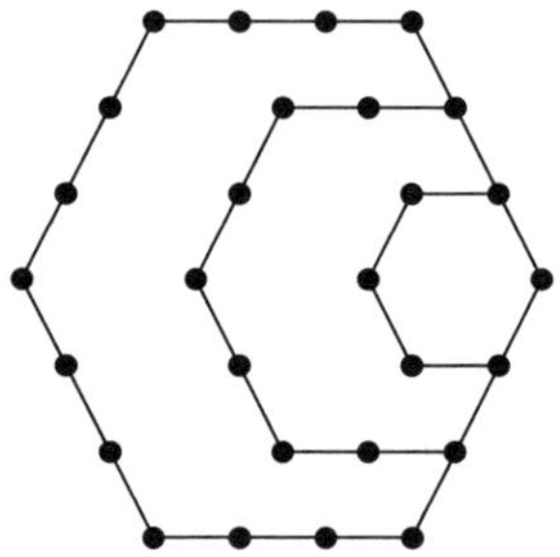

e assim
por diante

Figura 4.9 Números hexagonais.

Nessa forma de representação, os aspectos quantitativos deixam de ser os únicos importantes e priorizam-se aspectos qualitativos, no caso, os padrões de organização. Podemos visualizar os números figurados de Pitágoras no triângulo de Pascal conforme mostrado na Figura 4.10.

1
1 1
1 2 1
1 3 3 1
1 4 6 4 1
1 5 10 10 5 1
1 6 15 20 15 6 1
1 7 21 35 35 21 7 1
1 8 28 56 70 56 28 8 1

Figura 4.10 Números figurados de Pitágoras no triângulo de Pascal.

Na Grécia, para os pitagóricos, o conceito de número expressava a própria concepção do universo. Ensinava-se que "tudo é número". O conceito de número não se restringia a representações de quantidades, mas era um conceito absoluto no sentido platônico, ou seja, existente em si, de essência perfeita e imutável num mundo ideal chamado "mundo das ideias". Para os gregos, além disso, os números eram envoltos numa aura de misticismo. Cada um expressava algo da essência da natureza: o número **1** simbolizava a unidade, a mônada, o elemento criador de tudo; o **2** simbolizava o homem e sua masculinidade; o **3**, a mulher e sua feminilidade; o **5**, sendo soma de **2** e **3**, simbolizava o casamento, a união; o **10** simbolizava o universo, e assim por diante.

Algumas posturas pedagógicas no mundo da Educação podem ser interpretadas no sentido de que se deve trabalhar em sala de aula apenas com os conteúdos que estão inseridos nos temas do cotidiano dos alunos. Nesse contexto surge a pergunta: trabalhar apenas com o cotidiano do aluno o auxilia a se abrir a possibilidades ou o conduz a permanecer onde está? Cremos, sim, que é importante trabalharmos o cotidiano dos alunos. Não podemos, contudo, nos restringir a ele. Seria uma negação do aluno como um ser de possibilidades. A postura fenomenológica destaca a ação de ajudá-lo a escolher caminhos, buscar sentido no que faz, no que estuda, levando em conta possibilidades de lançar-se em seu futuro.

Uma opção é levar para a sala de aula aspectos da História da Matemática,[5] para que se perceba que a Matemática é uma ciência em contínuo processo

5 Ver capítulo 2.

de construção. Tem acontecido uma popularização da abordagem da História da Matemática em livros didáticos, em virtude da inclusão desse tema nos Parâmetros Curriculares Nacionais (Brasil, 1998). Constata-se que houve um enxerto de tópicos da História da Matemática de maneira pontual, desconectados dos conteúdos, minimizando a possibilidade de utilizar tais ideias para facilitar a compreensão dos conceitos trabalhados. É importante que as crianças de hoje conheçam concepções de outras culturas, abrindo horizontes de compreensão de forma que não considerem como parâmetro norteador apenas uma maneira de pensar como o correto ou verdadeiro, seja de sua cultura ou de outra. Assim, são criadas possibilidades de atitudes de respeito e compreensão de conceitos matemáticos.

As diferentes concepções culturais são usualmente entendidas como hierarquizadas. Na atualidade, dissemina-se o entendimento do conhecimento "como rede", o que nos leva a destacar que essas concepções não devem ser valoradas. Não seguem uma linearidade acumulativa. Dessa forma, caracterizações como "sociedade primitiva" e "sociedade moderna" perdem significado, pois não se concebem as ditas "sociedades modernas" como "aperfeiçoamento" das "sociedades primitivas". Cada sociedade tem a própria maneira de ver a tradição cultural em que está enraizada, os diferentes problemas com os quais tem de lidar, os projetos ("pro-jetos") consoantes com seus objetivos, constituindo, portanto, formas diversas de conceber o mundo onde vivem.

Cada cultura tem sua verdade, que não é absoluta, tampouco subjetiva. É uma verdade referente à manifestação do que se mostra, ao desvelamento da verdade do ser. Ela ocorre na articulação entre crenças e significado, em que o sentido é atribuído, podendo ser expresso e mantido pela tradição e pela linguagem, amalgamando-se ao mundo em que vivemos.

Dessa forma, estudar diferentes concepções pode abrir-nos possibilidades de compreender as nossas, já que não são independentes, mas articuladas com aquelas. Vivemos no mundo com os outros: cossujeitos, companheiros de uma comunidade, outras culturas etc. No trabalho com diferentes concepções e verdades efetua-se um movimento contrário ao que se tem evidenciado na Matemática, que, em geral, visa buscar nos conteúdos estudados apenas um sentido e um significado. No âmbito fenomenológico, atentamos para os contextos em que esse sentido e significado expressam compreensões: aqueles dos sistemas teóricos da Matemática, de culturas presentes e passadas diferenciadas, enfim, aqueles focados na atividade desenvolvida.

Capítulo 5

A compreensão de números apresentada por crianças: multiplicação

Maria de Fátima Teixeira Barreto
Maria Queiroga Amoroso Anastacio

Introdução

Em nossa ação pedagógica, seja atuando na formação de professores, seja no Ensino Fundamental, temos deparado com algumas vivências de crianças dos anos iniciais do Ensino Fundamental a respeito da constituição da ideia de número que nos motivaram a desenvolver estudos e pesquisas acerca do tema. Observamos que, ao trabalhar números com as crianças, há uma grande preocupação entre professores em iniciá-las no estudo do número, apresentando-lhes quantidades (seja por meio de objetos manipuláveis como pedrinhas, fichas coloridas, canudinhos etc., ou objetos representados em desenhos) e passando, em seguida, a mostrar os símbolos que devem usar para registrar aquela determinada quantidade. Ao agirem desse modo não enfatizam a reflexão sobre o número e podem não contribuir para que a criança amplie sua compreensão. O conhecimento matemático na escola acaba, assim, por se dar, muitas vezes, destituído de significado. É bastante comum, no caso do trabalho com operações matemáticas, que se passe apressadamente sobre o que significa aquela operação, enfatizando de maneira reiterada o procedimento para realizá-la, ou seja, o algoritmo.

Buscando esclarecer tal forma de proceder para que possamos contribuir com os professores que atuam na escola e que se abrem ao estudo da Fenomenologia, buscamos trazer as leituras de Merleau-Ponty e Husserl naquilo que compreendemos sobre a constituição do número na cultura.

A constituição da ideia de número em Husserl e Merleau-Ponty

Merleau-Ponty (1994) aponta para a dicotomia instalada pelos avanços da ciência, que busca o rigor e a exatidão, separando objeto e sujeito como polos dissociados. Os professores, quando separam de um lado quantidades e de outro, símbolos, ou quando enfatizam procedimentos instituídos sem possibilitar às crianças que os sentidos se façam, estão adotando no trabalho escolar encaminhamentos que se inserem no modo como a ciência positivista trata o conhecimento. Essa forma de constituir a ciência moderna, que tem como uma das características a matematização, busca certezas e, por influência cartesiana, separa objeto e sujeito, propondo um conhecimento verdadeiro. A Matemática vem sendo construída desde os primórdios da humanidade e configura-se, a partir dos gregos, como o conhecimento verdadeiro que é a base da ciência ocidental ou da ciência moderna.

A ciência moderna centraliza-se na busca da verdade que, segundo Descartes (1596-1650),[1] não é possível de se alcançar pelos órgãos dos sentidos. Para ele, o verdadeiro conhecimento não pode estar atrelado a paixões, emoções, pois tudo isso é muito subjetivo e não permite ter acesso ao que é verdadeiro e imutável. Ele propõe a Matemática como o caminho seguro, pois, ao se constituir por meio das leis universais que se entrelaçam de maneira lógica, permite que se tenha um percurso independente das variabilidades subjetivas. Quando Descartes afirma "Penso, logo existo", condiciona sua existência, e a de todos os homens, ao pensar, afirmando que essa única certeza me permite saber que estou vivo. Ou seja, condiciona a existência ao espírito, a uma alma imortal, que não está rendida à variabilidade passageira dos sentidos.

Assim, ao trabalhar com símbolos numéricos e quantidades, muitas vezes os professores passam, sem refletir, da manipulação de quantidades para a sua

1 Descartes, filósofo francês, além de contribuir com a invenção da Geometria Analítica, teve grande importância do ponto de vista da matematização da ciência moderna.

representação por meio de símbolos numéricos, sem um trabalho que possibilite aos alunos efetuar a articulação entre símbolo e significado. Supõem, assim, evitar que o trabalho com o caráter sensório das quantidades possa impedir as crianças de procederem à abstração. Alguns professores temem que o aluno fique dependente do material concreto e, como consequência, depois tenha dificuldade para pensar matematicamente. Outros se limitam à apresentação de símbolos representados em cartões afixados em murais na sala de aula, com a intenção de que sejam memorizados.

A *Fenomenologia da percepção* de Merleau-Ponty propõe apresentar uma crítica à ciência moderna e ao modo como, ao se constituir, a ciência se afasta do vivido, buscando a universalidade em oposição ao particular e subjetivo. Propomos, nesse sentido, entender como Merleau-Ponty (1994) trata a constituição do pensar numérico, detendo-nos no examine de sua Fenomenologia.

Nessa obra, o autor afirma que a constituição do pensamento numérico oferece uma possibilidade de descrever o nascimento do saber entre homens e mulheres. Na origem da ideia de número, está presente, segundo afirma, um fundo ainda não tematizado de consciência que se manifesta, de início, no reconhecimento de quantidades: Onde há mais? Onde há menos? Entretanto, antes de se estabelecer qualquer padrão de comparação, percebem-se as coisas que se dispõem em seu campo de presença.

O processo histórico de constituição da ideia de número nos permite observar que as diferentes culturas foram desenvolvendo maneiras de contagem e de registro dessas quantidades em ossos ou pedras, utilizando um sistema eficiente, de números falados, construído sobre uma organização dos números em grupos convenientes. Nessa fase, os símbolos ainda não são usados. Como exemplos desses registros podemos citar os quipos dos incas e os ábacos de diversas origens, entre outros. A etapa final do processo é a invenção de símbolos para representar os números.

Os estudos etnográficos, que começaram a se realizar no início do século XX, contribuíram para mostrar o modo como algumas tribos da Malásia e da Austrália, realizam a contagem. Um exemplo é o estabelecimento de séries numéricas com base no nome dos filhos segundo a ordem em que nasceram. Assim, compõem uma série. O fato de os filhos serem diferentes do ponto de vista biológico faz que cada um apareça dotado de um sinal temporal e, então, o conjunto dos filhos torna-se aquela série ordenada. Não há, nesse estágio, noções de números, mas registros de quantidades. Outro exemplo é o que nos oferece Ifrah (1989), que relata como a enumeração entre os participantes de tribos que estudou é feita referindo-se a alguma parte do corpo, estabelecendo-se uma correspondência.[2] Fixam signos de acordo com locais em seu corpo, identificando esse ponto com uma quantidade. Apesar disso, esses grupos não têm, de modo obrigatório, a expressão do conceito numérico já constituída. Quando utilizam a expressão "mão" para indicar o número 5, ou "homem inteiro" para 20, estão expressando a correspondência de que há tantos objetos como há dedos na mão ou no homem inteiro (Anastacio, 1999).

Os estudos mostram que o conceito de número começou por uma denominação concreta. Brunschvicg (1929) relata que, ao dar nome às partes de seu corpo formando uma série ou ao se utilizar de folhas secas, tantas quanto os acontecimentos ou fatos que desejam relatar, estão lidando com a quantidade. Por outro lado, a princípio, para expressar uma quantidade, percorrem todos os termos da série dereferência, isto é, de início, para indicar 5, percorrem os dedos até o quinto. Aos poucos, no entanto, já não há necessidade de refazer esse trabalho preliminar. Por meio do processo repetido inúmeras vezes, acabam por sentir-se seguros e já não há necessidade de tornar a fazer o mesmo gesto.

Podemos entender melhor esse ponto se examinarmos como Merleau--Ponty (1994) descreve a aquisição de um hábito. Ele afirma que se trata da compreensão de uma significação. Essa compreensão, entretanto, não se dá por um processo apenas intelectual que tematiza. Isto é, não se trata de um ato intelectual, mas de um ato motor primordial. Trata-se de uma apreensão motora, de uma significação motora. Ele ilustra o que quer dizer, comparando como a bengala de um cego deixou de ser para ele um objeto para se tornar, em sua extremidade, uma zona sensível. Ela aumenta a amplitude e o raio de ação do tocar, tornando-se o análogo de um olhar. O cego incorpora a bengala ao seu corpo-próprio, dilatando, dessa forma, o seu ser no mundo. Da mesma maneira, ao repetir, de forma mecânica e inúmeras vezes, o gesto de tocar as diferentes partes do corpo, o sujeito dilata o seu ser no mundo, anexando um novo instrumento: a contagem. Nessa aquisição, é o corpo que "compreende" (Merleau-Ponty, 1994).

O filósofo continua afirmando que a noção abstrata de número se forma quando a palavra se enriquece com um sentido numérico cardinal (por exemplo: "mão"), Entretanto, denuncia que, nas línguas faladas pelos povos civilizados, à força de se repetir esse sentido apaga aquela representação originária.

---

2 Ver exemplo apresentado no capítulo 3.

Procurando ampliar nossa compreensão sobre a constituição do número a partir do estudo da *Fenomenologia da percepção* de Merleau-Ponty, vimos que a palavra desempenha por si mesma o papel antes desempenhado pelo gesto de tocar as partes do corpo. A associação que dá significação às imagens sonoras se torna constante pelo uso e pela transmissão hereditária. Como já não é mais necessário refazer as operações que geraram o cálculo, passa-se do pensamento espontâneo, que possibilitou constituir um sistema de numeração, para o pensamento lógico, que se constitui sobre regras de numeração.

Ao conviver com crianças pequenas em seu cotidiano, vemos como num primeiro momento elas também são capazes de reconhecer o mais e o menos. Utilizam também seus dedos e refazem, a cada quantidade que querem enumerar, o percurso em cada um deles, pois necessitam manipular as quantidades. Para elas, a constituição do conceito numérico se dá após um processo em que esse solo perceptivo abre um espaço de possibilidades. Aos poucos, vai ocorrendo uma compreensão que, para Merleau-Ponty (1994), consiste em experienciar o acordo entre aquilo que se visa e aquilo que é dado, entre a intenção e a efetuação do gesto. Esse processo é feito pelo corpo como mediador do mundo. Ou seja, a criança, ao construir o conceito de um determinado número, à força de repetir o movimento de percorrer os dedos um a um, está vivenciando um processo semelhante àquele que vivencia ao aprender a dançar.

A criança, em seu corpo, ao assimilar um significado, no caso o de quantidade, amplia o mundo cultural. Para ela, seu corpo é o meio de ter um mundo. Nesse sentido, Merleau-Ponty (1994) esclarece que o verdadeiro ato de contar se dá pela constituição de um solo no qual as operações efetuadas permanecem disponíveis para as operações posteriores. Isso significa que as sínteses efetuadas são conservadas e ficam disponíveis, podendo ser reativadas.

A memória é entendida por esse autor ao se deter para olhar o ato de contar. Trata-se do poder de desdobrar o passado para caminhar para o futuro (Merleau-Ponty, 1994). Decorar os resultados da tábua de multiplicar, por exemplo, como uma cantilena que dispõe os valores numa ordem determinada, é um procedimento que se assemelha à contagem primitiva, já descrita. Exige, da mesma maneira que aquela, reiniciar os passos de forma encadeada, após cada interrupção (Anastacio, 1999).

Entretanto, quando as crianças compreendem os resultados das multiplicações que constituem a tabuada, por meio de manipulações ou procedimentos que privilegiam sua construção, estão tornando possível ter os resultados disponíveis e reativá-los (Anastacio, 1999).

Quando, na sala de aula ou em alguma situação de seu cotidiano, a criança se vê diante de um desafio ao qual é preciso dar uma resposta, há um reabrir do tempo. Ou seja, o resultado buscado é retomado e de novo inserido no presente, pois ele está aí, constituindo aquele solo ao qual é sempre possível voltar. Trata-se não da consciência constituinte do passado, mas de um esforço para reabrir o tempo a partir das implicações do presente. A função do corpo na memória é a de ser o meio permanente de comunicação com o tempo, pois o passado e o futuro só existem quando o sujeito se estende em sua direção. A passagem de um presente-passado a outro presente não é pensada, mas efetuada pelo corpo-próprio.[3]

Merleau-Ponty esclarece desta forma o pensamento de Husserl, para quem número não se reduz a um fenômeno mental. Para ele, número pode ser apresentado tanto autêntica como simbolicamente. Husserl (apud Miller, 1982)[4] descreveu uma contagem mecânica,[5] na qual se age de forma cega sem exigir consciência do conteúdo conceitual das palavras dos números. Em contraste com essa contagem do dia a dia, Husserl menciona uma "contagem autêntica"[6] – na qual o "conteúdo conceitual" das palavras dos números é, de fato, ativado. As palavras (os nomes) dos números não são usadas apenas num modo cego, mecânico, como rótulos para os itens de um grupo. Antes, são usados como nomes genuínos cujos significados são pensados de forma articulada, ativa. É apenas nessa autêntica contagem que a presença primordial do número pode se dar.

Perguntamo-nos, diante disso, qual a contribuição dessas compreensões para o trabalho que se desenvolve na escola no Ensino Fundamental. Passamos, então, a examinar a maneira como a Matemática tem se constituído no âmbito escolar.

A Matemática escolar e o trabalho com números: algumas tendências

Ao estudarmos o trabalho desenvolvido com números (Teixeira, 1998), podemos identificar duas principais tendências no trabalho com Matemática

3 Ver capítulo 1.

4 Sobre o autor, ver capítulos anteriores.

5 Ver capítulo 3.

6 Ver capítulo 3.

escolar: a proposta tradicional e a proposta que segue tendências atuais. A primeira dessas tendências enfatiza a Matemática como um conhecimento finalizado, pronto para ser transmitido, numa relação ensinar-aprender, em que o professor é aquele que sabe, e que, portanto, ensina, enquanto o aluno deve aprender, aceitando passivamente o discurso do professor. Nessa perspectiva, trabalha-se a Matemática pela Matemática em si mesma, sem considerar sua história nem a experiência vivida pelo aluno ou mesmo sua importância para compreender a vida. Ou seja, afasta-se, nesse modo de estar com a Matemática na escola, a possibilidade de oferecer ao aluno uma vivência das ideias e dos conceitos matemáticos para que os compreenda, no sentido apontado por Merleau-Ponty. Antes, o aluno é visto como um recipiente onde devem ser depositados conteúdos.

Ao considerar essas concepções, privilegia-se uma abordagem dos conteúdos escolares de forma gradual e sequenciada por meio de atividades mecanizadas em que não se busca a relação com o vivido. Trata-se o número como algo fechado e em si mesmo, trabalhando-se sempre dos números menores para chegar aos maiores, adotando tarefas em que é solicitado aos alunos cobrir pontilhados, copiar, ligar um símbolo a outro, fora de contexto e sem oportunidade de desenvolver um trabalho cooperativo (Teixeira, 1998).

Para ilustrar este tipo de tendência, apresentamos um exemplo de atividade ainda hoje comum em vários livros didáticos:

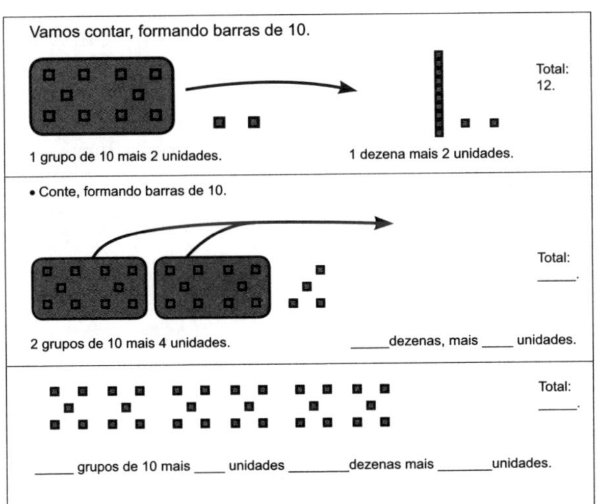

Figura 5.1 Atividade para estudo de números usual em livros didáticos

Ao focalizar a atividade desenvolvida na Figura 5.1, constatamos que os alunos devem apenas observar os desenhos e passar à compreensão intelectual, que difere da apreensão motora que enfatizamos. O exercício apresentado explora o Material Dourado Montessori,[7] que, quando manipulado pelas crianças até se familiarizarem com ele, pode se constituir numa ajuda para a compreensão do Sistema de Numeração Decimal. Entretanto, sendo desenhado e apresentado como visto no exemplo, pode se transformar em mais um conteúdo que se deve ensinar, constituindo-se numa matéria obrigatória dos temas curriculares da Matemática na escola.

As tendências atuais procuram trabalhar a Matemática de maneira contextualizada em situações vivenciáveis no dia a dia dos alunos, considerando as experiências e os conhecimentos adquiridos em meios extraescolares, e tomam o aluno como sujeito de sua aprendizagem. Atentam para o conhecimento como teia ou hipertextos, não havendo hierarquia ou pré-requisitos para a sua compreensão.

Entretanto, muitas vezes tais tendências não problematizam o vivido no sentido fenomenológico que levamos em conta em nossos estudos. Afirmar que a Matemática da escola precisa estar inserida no contexto da criança e trazer exemplos que são de sua vida não se identifica como uma decisão de trabalhar as ideias matemáticas, possibilitando aos alunos compreendê-las. O fato de com frequência trazerem aplicações e exemplos da realidade, como em geral enfatizam, serve apenas para mascarar a atitude tradicional que acabamos de expor. A melhor maneira de estar com a Matemática e as crianças é desafiá-las, levando em conta os diversos contextos culturais dos envolvidos (D'Ambrosio, 1990).

A seguir apresentamos nossas reflexões sobre uma pesquisa realizada com alunos de uma escola pública federal de Goiânia (Barreto, Ribeiro, 2007), que envolveu o trabalho com a multiplicação.

7 Trata-se de um conjunto de cubinhos, barras, placas e um cubo composto por mil cubinhos, em geral construído de madeira, muito utilizado no trabalho de construção do sistema de numeração decimal, por estabelecer sempre uma relação decimal entre seus elementos. Uma barra é formada por 10 cubinhos; uma placa, por 10 barras, e, portanto, por 100 cubinhos; o cubo grande por 10 placas, 100 barras e 1.000 cubinhos.

O estudo da multiplicação com alunos dos anos escolares iniciais: algumas compreensões

Nos livros de Matemática escolar, em geral, a multiplicação surge como uma operação binária que oferece dois valores de entrada e um valor de saída e tem por finalidade considerar um número denominado multiplicando, tantas vezes quantas são as unidades de outro número denominado multiplicador. Multiplicador, no caso, é o fator na multiplicação que indica quantas vezes se há de tomar o outro para efetuá-la. Multiplicando é o número que se há de tomar tantas vezes quantas são as unidades do multiplicador. Os livros didáticos repetem reiteradas vezes a necessidade de aprender esses nomes e distingui-los. Apesar de mais tarde os mesmos livros afirmarem que, na multiplicação de dois números, a ordem dos fatores não altera o produto, eles sublinham e enfatizam a nomenclatura. Possivelmente, ainda que proponham exercícios e ilustrações apoiados em materiais concretos como o exemplo com o material dourado citado antes, inserem-se na concepção tradicional de ensino da Matemática que afirmam querer superar.

Neste estudo, focaremos a multiplicação no conjunto dos números racionais, uma vez que queremos limitar o âmbito de nossas reflexões aos anos iniciais do Ensino Fundamental (até o 5º ano de escolaridade). Ao início do segundo ciclo do Ensino Fundamental (4º ano de escolaridade) inicia-se, em geral, o trabalho com os números racionais. Essa passagem dos números naturais aos racionais não é, em geral, elaborada. No âmbito deste capítulo, entretanto, não iremos nos deter no exame do modo como o conjunto dos racionais (Conjunto **Q**) é apresentado e trabalhado na escola.

Vejamos a seguir os conceitos matemáticos de multiplicação com a intenção de ilustrar a forma como essa operação se constitui e, mais tarde, retomaremos essas definições na análise das descrições resultantes da pesquisa.

A multiplicação é definida como uma operação no conjunto dos números racionais. Significa que, quando é efetuada entre números racionais, a multiplicação apresenta as propriedades de fechamento, comutatividade, associatividade e elemento neutro. A multiplicação em **Q** apresenta, ainda, uma propriedade distributiva em relação à adição. Essas propriedades, na esteira do Movimento da Matemática Moderna, foram trazidas para a Matemática da escola e transformaram-se em conteúdos a serem ensinados fora de contexto e sem significado para o aluno.

Uma contribuição bastante interessante vem do exame da História da Matemática. Observamos, nesse sentido, que alguns textos apresentam o desenvolvimento e a criação da multiplicação a partir da operação de adição. Entretanto, a civilização egípcia consta como a primeira a desenvolver procedimentos de multiplicação (Cunha, 1997). Para efetuar a multiplicação de dois números, os egípcios efetuavam duplicações consecutivas. Para multiplicar, por exemplo, 32 x 18, organizavam duas colunas para fazer a operação. Em uma delas, em geral a da direita, escreviam um dos números – no caso do exemplo, o 18 –, e na coluna da esquerda o número 1. Em seguida duplicavam os valores das respectivas colunas, até que na da esquerda aparecesse o outro fator da multiplicação. O número que aparece na última linha da coluna da direita é o resultado da operação, como ilustra a Figura 5.2:

1	18
2	36
4	72
8	144
16	288
32	576

32 x 18=576

Figura 5.2 Processo desenvolvido pela civilização egípcia para efetuar a multiplicação

Este exemplo tem a particularidade de um dos fatores ser uma potência de 2. Entretanto, caso isso não ocorresse, o procedimento seria o mesmo. A ilustração a seguir mostra que se faziam duplicações escolhendo um dos fatores para ocupar uma das colunas e iniciando a outra por 1. Para multiplicar, por exemplo, 25 x 18, duplicavam os valores até que aparecesse na coluna que se iniciou por 1 um valor que, ao ser somado a outros valores da mesma coluna, tivesse como resultado o fator procurado, no caso 25. Aos valores utilizados para compor o 25 correspondem, na outra coluna, múltiplos de 18 que devem ser adicionados para encontrar o resultado esperado. Podemos observar na figura seguinte:

1	18
2	36
4	72
8	144
16	288
32	576

25 x 18 = (1 x 18) + (8 x 18) + (16 x 18) =
18 + 144 + 288 = 450.
Porque: 1 + 8 + 16 = 25

Figura 5.3 Processo desenvolvido pela civilização egípcia para efetuar a multiplicação

Enfatizamos a descrição de uma possível origem da multiplicação para mostrar que os caminhos e alternativas que em geral adotamos em nosso sistema atual se assemelham a procedimentos utilizados por outros povos, no caso, os egípcios. Ao desenvolverem seus algoritmos, observavam regularidades às quais recorriam para efetuar cálculos. Em relação à multiplicação, observavam que todos os números naturais podiam ser escritos como resultado da soma de potências de 2, ainda que não se preocupassem em demonstrar esse fato como verdadeiro para qualquer número natural. Ou seja, utilizavam resultados empíricos que funcionavam. Posteriormente, no bojo da constituição da Matemática como ciência, essas verdades serão definidas e demonstradas.

Observando livros didáticos utilizados atualmente, constatamos que, em geral, para a multiplicação de números naturais é apresentado um algoritmo que é fruto de um longo processo em vigor já entre os egípcios. Essa maneira de efetuar a multiplicação observa as propriedades de constituição do sistema decimal de numeração, mas não explicita as relações ali presentes. Em geral reduz-se a uma técnica que deve ser seguida às cegas.

Alguns textos didáticos com uma abordagem mais inovadora enfatizam a constituição do sistema decimal e exploram o valor posicional, como ilustra o exemplo com a multiplicação de 5 x 196:

1º passo:

C	D	U
	3	
1	9	6
	x	5
		0

5 x 6 = 30. São 30 unidades.
30 unidades são 3 dezenas e zero unidades. As dezenas são então levadas para a casa das dezenas.

2º passo:

C	D	U
4	3	
1	9	6
	x	5
	8	0

5 x 9 = 45. São 45 dezenas.
45 dezenas mais 3 dezenas vindas das unidades são 48 dezenas ao todo. 48 dezenas são 4 centenas mais 8 dezenas. As centenas são então levadas para a casa das centenas.

3º passo:

C	D	U
4	3	
1	9	6
	x	5
	8	0

5 x 9 = 45. São 45 dezenas.
45 dezenas mais 3 dezenas vindas das unidades são 48 dezenas ao todo. 48 dezenas são 4 centenas mais 8 dezenas. As centenas são então levadas para a casa das centenas.

O resultado da operação é então 9 centenas, 8 dezenas.

Figura 5.4 Ilustração do processo de multiplicação presente em diversos livros didáticos

Ao tratar o desenvolvimento do algoritmo em sala de aula, como no quadro valor de lugar acima, apresentam-se os procedimentos sem discuti-los. Como consequência, um processo que poderia resultar em compreensão leva a memorizações sem sentido.

Outro aspecto que vem sendo característico do trabalho nos anos escolares iniciais é o foco na multiplicação como uma soma de parcelas iguais, sem que seja explorado o significado que pode ser atribuído a cada um dos fatores, o multiplicador e o multiplicando, assim como não se expõem outras ideias, tais como as de raciocínio combinatório, disposição retangular e proporcionalidade. Ao abordar a multiplicação apenas como ampliação da adição, não se exploram seus diversos significados nem suas propriedades, e ainda se desconsidera a diversidade de contextos em que se apresentam situações multiplicativas. Em decorrência, instala-se, em geral, a crença de que o resultado da multiplicação é sempre maior que os fatores, sem que se observe que isso ocorre na multiplicação de números naturais. Quando efetuamos um produto entre números racionais, seja na forma fracionária ou decimal, essa regularidade não se verifica. Por exemplo, 0,5 x 4 é igual a 2, ou, de outro modo, ½ x 4 = 2.

Concluindo, constatamos que o trabalho com a multiplicação nos anos iniciais exige que o professor tenha clareza sobre seu conceito, significados e diversos modos de abordá-la. Ao encaminhar o trabalho explorando as múltiplas possibilidades, contribui para que o aluno estabeleça um diálogo entre o significado da multiplicação numa linguagem predicativa[8] e pré-predicativa, elaborando sua compreensão.

Com o intuito de estar com alunos do 5º ano (antiga 4ª série) e compreender como vivenciam situações que implicam raciocínios multiplicativos, passamos a descrever uma pesquisa desenvolvida entre 2006 e 2007 (Barreto, Ribeiro, 2007).

8 Predicativo se refere a uma compreensão já elaborada numa linguagem proposicional.

Como crianças vivenciam situações de multiplicação na aula de Matemática

Tendo essas ideias no nosso horizonte de compreensão, passamos a descrever a pesquisa realizada com alunos de uma antiga 4ª série (5º ano de escolaridade) de Ensino Fundamental do Centro de Ensino e Pesquisa Aplicada à Educação da Universidade Federal de Goiás (Cepae/UFG). A pesquisa foi dividida em cinco etapas: estudo bibliográfico; preparação e seleção de atividades; coleta de dados; transcrição das aulas; análise dos dados das atividades desenvolvidas ao longo de sete meses (de julho de 2006 a janeiro de 2007). Por meio de um estudo bibliográfico sobre multiplicação, buscamos compreender o conceito de multiplicação presente nos livros de Matemática, suas propriedades, e a maneira como a ideia de multiplicação foi se constituindo ao longo da História. Para tanto, utilizamos as mais variadas fontes de pesquisa, como enciclopédias virtuais, teses de doutorado, dissertações de mestrado, livros didáticos, artigos em meios eletrônicos, entre outros.

Em paralelo ao estudo bibliográfico, selecionamos atividades de livros didáticos e elaboramos outras que orientariam o trabalho com multiplicação em sala de aula, de modo que as atividades contribuíssem efetivamente para o aluno desenvolver uma compreensão da multiplicação conforme o que já foi desenvolvido pela ciência, e considerando as compreensões nascidas da sua vivência no mundo com os outros.

O que apresentamos a seguir não constitui um grupo de atividades elaboradas com base numa concepção fenomenológica de conhecimento e aprendizagem. Este é um trabalho ainda a ser realizado. Entretanto, no desenvolvimento das atividades em sala de aula, há a proposta de assumir a atitude fenomenológica no trabalho pedagógico, caracterizada pelo cuidado e pela escuta.

O trabalho de coleta de dados se deu por intermédio do estudo das atividades selecionadas no ambiente natural da sala de aula. As aulas foram conduzidas de modo que os alunos pudessem pensar formas de solução para os problemas propostos e realizar o registro de seu modo de pensar. No encaminhamento das atividades fomos conversando com cada aluno a respeito do pensamento elaborado, buscando explicações para a sua escrita. Como os diálogos se deram em situação natural, a dinâmica de trabalho da aula nos possibilitou gravar apenas a fala dos alunos que iam terminando as atividades primeiro. Depois que todos já a haviam concluído, tínhamos de realizar a apreciação coletiva do trabalho, não sendo mais possível o trato individual das explicações. Disso resultaram a gravação e o registro de apenas alguns depoimentos, o que implicou, ainda, na repetição de alguns alunos e na ausência de outros.

Os diálogos com os alunos foram gravados com autorização dos pais, para posterior transcrição e análise da escrita e da fala realizadas. Nas transcrições das aulas, os alunos foram identificados por pseudônimos escolhidos por eles mesmos.

O texto da transcrição dos diálogos e os registros escritos dos alunos foram analisados com o intuito de descortinar a relação entre a compreensão expressa pela fala e a escrita usada para representar tal compreensão. A análise se deu seguindo os procedimentos da pesquisa qualitativa numa abordagem fenomenológica. Buscamos a compreensão dos discursos dos sujeitos e, com base neles, tecemos nossas reflexões sobre a maneira como os alunos expressam sua compreensão da multiplicação de números racionais.

Os alunos e os processos multiplicativos

Os recortes que apresentaremos a partir de agora são o resultado de repetidas leituras das transcrições dos diálogos havidos com os alunos. Incluímos a atividade desenvolvida, o trecho da fala relativo à atividade, e o registro apresentado pelo aluno. Foram analisadas quatro atividades e ouvidos catorze alunos. A fala de alguns deles foi gravada em várias atividades, mas a de outros não, pois não terminaram as atividades a tempo de explicitá-las de modo individual. As atividades 1, 2 e 3 foram retiradas de livros didáticos; a atividade 4 foi elaborada pelos pesquisadores com base numa feira de gibis realizada na escola.

Atividade 1[9]

1- Analise os desenhos e responda as questões que seguem:

a) Há quantas casas no tabuleiro de xadrez?

b) Quantos azulejos cabem nesta parede?

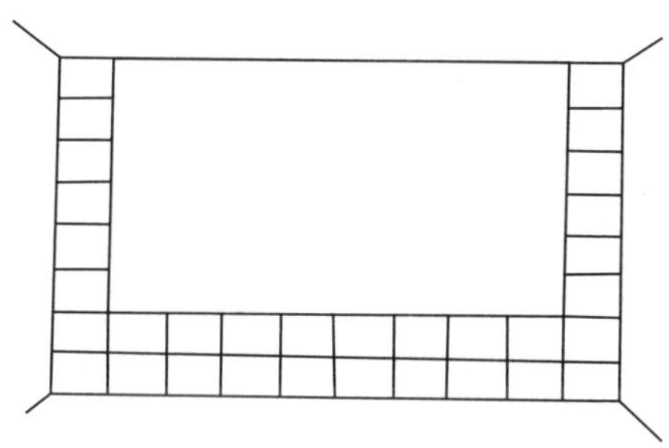

c) Quantas garrafas há em cada engradado?

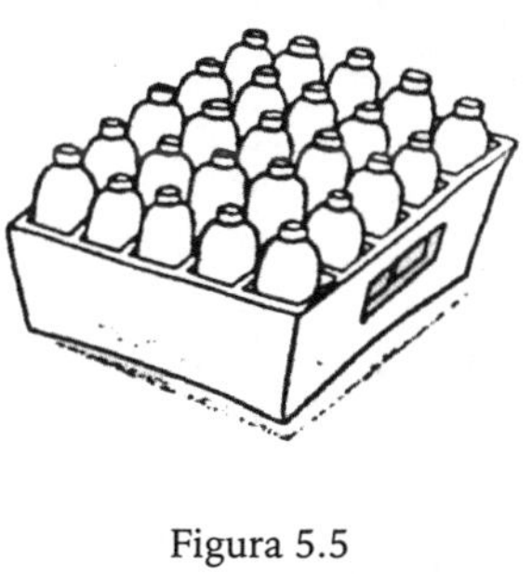

Figura 5.5

9 Fonte: Luiz Roberto Dante. 3ª série. Coleção Vivência e construção – Matemática. São Paulo: Ática, 2004, p.108.

Escrita e fala	Interpretação dos pesquisadores
Ceni F: Por que você fez uma multiplicação aqui? E essa subtração aqui? C: É, como é 8, para facilitar as contas, eu pensei 10 x 8 é 80, então tira as duas vezes que é 2 x 8 que é 16, aí fica só 8 vezes.  	· Reconhece uma disposição geométrica retangular dos quadradinhos. · Efetua um procedimento de cálculo mental ao procurar o resultado de 8 x 8 por meio de uma aproximação à dezena. Ou seja, efetua 10 x 8 = 80 e 2 x 8 = 16, para em seguida realizar a subtração que possibilita encontrar o número procurado. · Aplica propriedades do Sistema de Numeração Decimal, reconhecendo o valor posicional ao proceder à subtração, pois retira 10 unidades de 80 e, em seguida, as 6 unidades restantes que compõem o 16. Mostra compreensão das características decimais do sistema numérico.
Paulinha F: Como você descobriu as 64 casas? P: Eu contei todas as casinhas. F: Uma a uma? P: É... 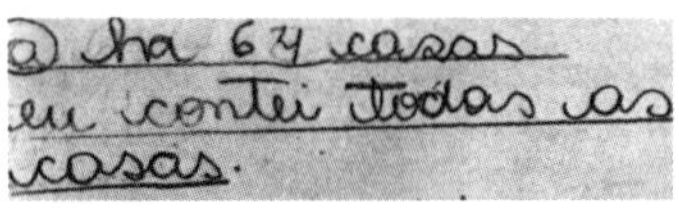 	· Utiliza a enumeração para efetuar a contagem do número de azulejos. · Descreve a ação realizada.
Paloma P: Eu contei os 8, e depois eu contei na largura e depois contei na medida. Aí eu fiz 8 x 8 e deu 64. E aqui (se refere ao item b do exercício) eu contei no comprimento e depois na largura e fiz a conta, que na largura deu 10 e no comprimento deu 8. 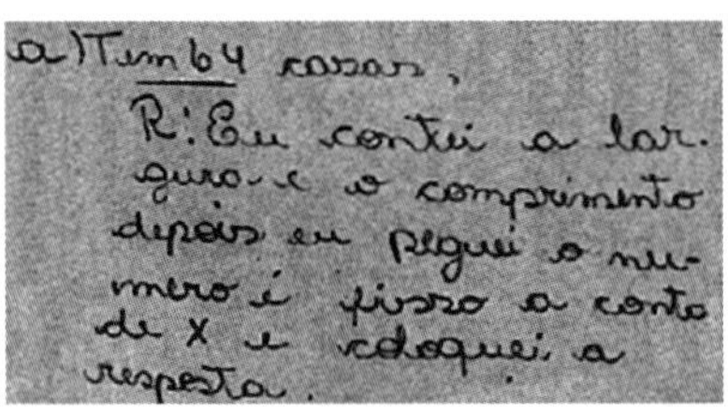 	· Reconhece uma disposição geométrica retangular dos quadradinhos e efetua a multiplicação entre o número de linhas e o número de colunas. · Não faz o registro da escrita multiplicativa. Prefere descrever o processo em língua materna.
Decster PR: Como você fez? D: Pela multiplicação. PR: Como? D: Um, dois, três, quatro, cinco, seis, sete, oito. Um, dois, três, quatro, cinco, seis, sete, oito, nove, dez. P.R: Isso. Aí o que você ia fazer? D: 10 x 8 dá 80. 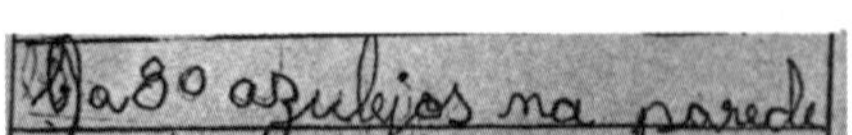 	· Reconhece uma disposição geométrica retangular dos quadradinhos e explicita oralmente a contagem do número de quadradinhos de cada lado. · Assume o resultado da tabuada para efetuar 10 x 8.

Atividade 2[10]

Marina pesquisou o preço de uma bicicleta em várias lojas. Em duas delas ela encontrou a bicicleta que desejava comprar.

a) Qual é o preço da bicicleta em cada uma dessas lojas?
b) Em que loja a bicicleta é mais cara? Quanto a mais?
c) Na sua opinião, qual é a loja em que Marina deveria comprar a bicicleta? Por quê?

Figura 5.6

Escrita e fala dos alunos	Interpretação dos pesquisadores
Gasper G: A primeira coisa que eu fiz foi... qual é o preço de cada bicicleta em cada uma dessas lojas? Eu fiz, nas Lojas Brasil, 5 x 7 que é igual a 35 e 5 x 40 que é igual a 200. A bicicleta nas Lojas Brasil custou R$ 235,00. Na letra *b*, que foi Lojas América, eu fiz 7 x 6 que é igual a 42, e 7 x 30 que vai dar 210, e deu R$ 252,00 nas Lojas América. 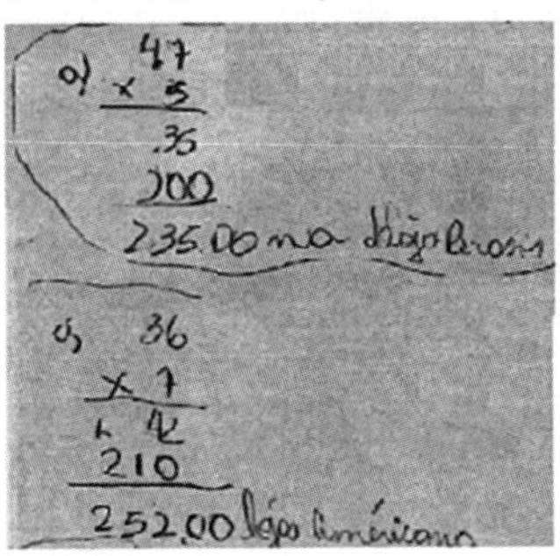	· Ao efetuar a multiplicação de 5 x 47 e de 7 x 36, respeita o valor posicional dos algarismos que compõem os números. · Desenvolve um algoritmo para a multiplicação que respeita as propriedades decimais do sistema numérico.

10 Fonte: Iracema Mori. 3ª série. Coleção Viver e aprender Matemática. São Paulo: Saraiva, 2004, p.140.

<table>
<tr>
<td>
Mr. Baratinha
F: Explica pra mim o que você fez.
B: Porque eu achei difícil 47 x 5, então eu fiz 47 x 10 que deu 470. 470 dividido por 2.
F: Você achou mais fácil fazer essa divisão do que fazer só a multiplicação?
B: É.
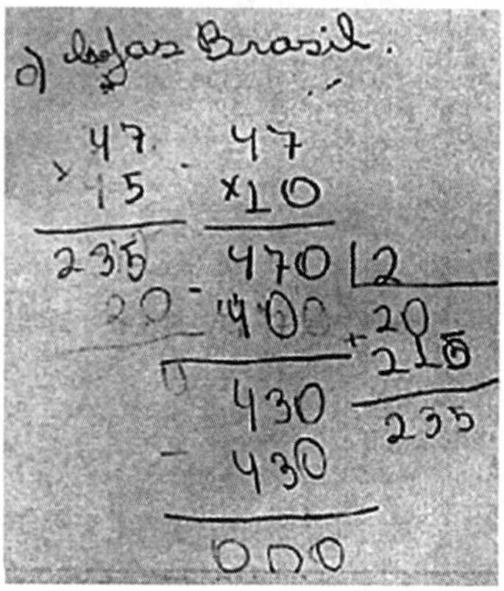

</td>
<td>
· Reconhece que multiplicar por 10 e depois dividir por 2 leva ao mesmo resultado que multiplicar por 5, utilizando um procedimento semelhante ao dos egípcios ao trabalhar com duplicações.
</td>
</tr>
<tr>
<td>
Vinicius
V: [...] É... esse aqui é Lojas Brasil. Aí 5 vezes de 47. Eu vou fazer 47 x 5. Aí o resultado que dá é o preço... O resultado que dá aqui é o preço. Aí eu faço aqui 7 vezes... 36 x 7... Aí a conta que sobra aqui é o resultado. Aí essa daqui é essa, e essa é essa.
F: Como faz essa conta?
V: Que 5 x 7 é 35. Aí 5 x 4 é... 28
F: 5 x 4?
V: 5 x 40 é 280.
F: 5 x 4 é 28? Quanto é 5 x 4?
V: 20. Aí se 5 x 4 é 20, 5 x 40 é 200. Aí eu somo 200 vezes 35. Dá 235. É esse aqui é o resultado da a. Vou fazer a b. Aí a b é 36 x 7. Aí eu faço 7 x 6... 7 x 6 é trinta e... 60 é... 42. É 42. Aí 7 x 3 é 21. E 7 x 30 é 210. Aí eu somo 210 vezes 42.
F: Mais...
V: Mais 42. Ai... 2 mais 0 não é 2, 4 vezes 1 é cinco e 2 mais nada é dois. Vai dar 252.
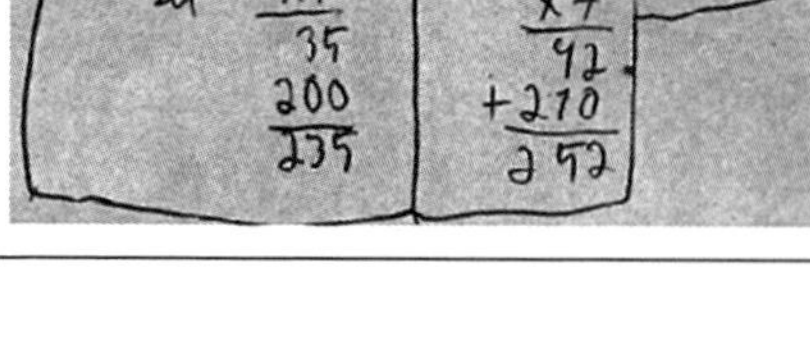

</td>
<td>
· Explicita, com clareza, o desenvolvimento do raciocínio que possibilita encontrar a solução da atividade.
· Ao expressar o desenvolvimento dos cálculos confunde-se com os algarismos com os quais está operando.
· Ao efetuar os produtos procura em sua memória pelos resultados da tabuada.
· Ao descrever como efetuou as operações, decompõe mentalmente o número.
· No registro escrito desenvolve um algoritmo para a multiplicação que respeita as propriedades decimais do sistema numérico.
</td>
</tr>
</table>

<table>
<tr>
<td>Lupita
L: ... 5 de 47 aí eu fiz 5 vezes 4, vezes 10. Deu R$ 200, aí depois eu pus 5 vezes 7 deu 35. Aí eu somei tudo e deu R$ 235 nas Lojas Brasil. Na Loja América, é 7 de 36 aí eu fiz 7 x 3 x 10 deu 210, aí depois eu fiz 7 x 6 deu 42, aí eu somei e deu R$ 252. Na Loja Brasil é 235 e na Loja América, 252.
R: Ah, assim que você fez.
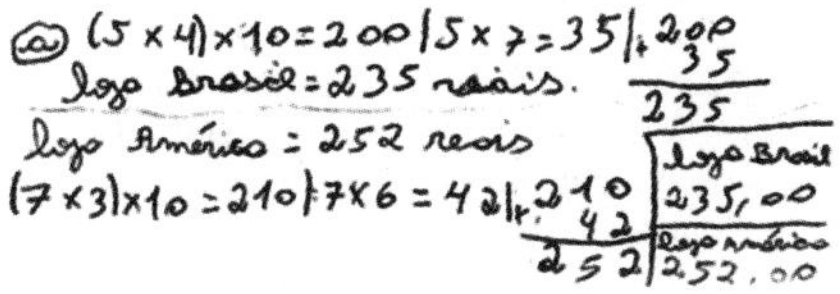</td>
<td>· Reconhece que 47 e 35 podem ser escritos como 40 + 7 e 30 + 5, respectivamente.
· Explicita, por meio da escrita, que multiplicar 5 por 47 é o mesmo que multiplicar 5 por 40 e adicionar ao resultado de 5 x 7, fazendo o mesmo para 7 x 35, mostrando compreensão da propriedade distributiva da multiplicação de racionais.
· Explicita, com o uso de parênteses, que a multiplicação 5 x 4 x 10 pode ser efetuada realizando-se primeiro 5 x 4 e, em seguida, multiplicando-se o resultado por 10. Faz o mesmo para 7 x 35. Mostra compreensão da propriedade associativa da multiplicação de racionais.</td>
</tr>
</table>

Atividade 3[11]

Ao lavar as mãos por 1 minuto, gastam-se 2,5 litros de água.

a) Suponha que, distraído, Tomás lavasse suas mãos mantendo a torneira aberta por três minutos. Quantos litros de água Tomás gastaria?

b) O que podemos fazer para não desperdiçar água ao lavar as mãos?

11 Fonte: 4ª série. Coleção Porta Aberta – Matemática. São Paulo: FTD, 2006, p.171.

Escrita e fala dos alunos	Interpretação dos pesquisadores
Gasper G: Ele gastaria assim... 3 x 2,5 litros, é 3 x 5, é 500 ml, dá 1 litro e meio e 3 x 2 litros dá 6 litros e então 6 litros mais 1,5 litros, dá 7 litros e meio que Tomás gastará. a) 2,5 x 3 + 1,5 6,0 7,5 Litros Tomás gastará	Reconhece que deve multiplicar o número de minutos em que a torneira permanece aberta pela quantidade de água em litros que a torneira verte em um minuto. Efetua a multiplicação de racionais, expressando verbalmente que efetua em separado a operação com a parte inteira e a parte decimal do número. Realiza a transformação de mililitros em litros, ao encontrar o resultado de 3 x 500 ml, e adiciona o resultado de 3 x 2 litros ao resultado encontrado. No algoritmo em que registra a operação realizada mostra compreensão da relação inteiro/partes, ao escrever 6,0 sob 1,5 para efetuar a adição que fornece o total de litros de água gastos.
Lucanildo L: Na *a* é... é... Eu fiz 3 x 2 que é igual... a... 6, aí depois eu fico 3 vezes meio, deu 1 litro e meio aí eu juntei tudo e deu 7 litros e meio. A) 3 x 2,5 = 7,50	Registra seu raciocínio por meio de uma escrita horizontal. Na sua expressão verbal explicita a decomposição de litros e mililitros, mostrando que compreende a constituição do sistema decimal de medidas.
Lupita L: ... eu peguei e fiz 2 litros e meio vezes 3, aí aqui o 3 x 5 dá 1 litro e meio, aí eu fiz aqui, depois eu peguei 3 x 2 litros deu 6 litros, aí eu somei deu 7 litros e meio. PR: Isso... L: Tomás gastará 7 litros e meio de água. a) 2,5 x 3 1,5 6,0 7,5 Tomás gastará 7,5 litros de água	Reconhece que deve multiplicar o número de minutos em que a torneira permanece aberta pela quantidade de água em litros que a torneira verte em um minuto. Efetua a multiplicação de racionais, expressando verbalmente que efetua em separado a operação com a parte inteira e a decimal do número. No algoritmo em que registra a operação realizada mostra compreensão da relação inteiro/partes, ao escrever 6,0 sob 1,5 para efetuar a adição que fornece o total de litros de água gastos.
Leuri L: ...tem uma informação aqui que, quando lavar a mão em 1 minuto, nós gastamos 2 litros e meio e Tomás lavou as mãos em 3 minutos, então eu fiz a multiplicação 3 x 2,5 que deu 7,5 litros. PR: Você já fez direto a multiplicação? L: É. a) 3 x 2,5 = 7,5	Reconhece que deve multiplicar o número de minutos em que a torneira permanece aberta pela quantidade de água em litros que a torneira verte em um minuto. Registra seu raciocínio por meio de uma escrita horizontal.

Atividade 4[12]

– É possível encontrar, no comércio, gibis a R$ 2,90. Considerando este valor, preencha a tabela abaixo com o valor que gastaria uma pessoa que adquirisse o número de gibis anotados:

Número de gibis	1	2	3	4		
Preço em reais	2,90					

Calcule e descubra:

a) Quanto gastaria uma pessoa que comprasse 9 gibis?

– Considerando o preço dos gibis da tabela do exercício de número 4, que valores completam a tabela que segue?

Número de gibis	Valores gastos com sua compra
5	
	R$ 29,00
15	

Uma gibiteca organizou seus gibis em pequenas maletas com 12 gibis em cada uma. Quantos gibis há nesta gibiteca se alguém conseguiu completar 28 maletas e ainda sobraram 5 gibis?

12 Atividade elaborada pelos pesquisadores.

<table>
<tr><th>Escrita e fala dos alunos</th><th>Interpretação dos pesquisadores</th></tr>
<tr><td>Nanda
N: Eu fiz tudo de cabeça professora.
F: Esse aqui você fez todos de cabeça. Tudo bem você fez só de cabeça. Como é que fez a sua cabeça funcionar?
N: Porque é assim: se um gibi é dois e noventa, dois vai ser o dobro.
F: Isso.
N: Ou seja, vai ser cinco e oitenta.
F: Como que você descobre que o dobro de dois e noventa e cinco e oitenta?
N: Ah, na cabeça.
F: Como que a sua cabeça funciona?
N: Olha aqui, porque dois reais mais dois reais dá quatro reais. Noventa mais noventa, um e oitenta. Cinco e oitenta.
F: E pra fazer oito e setenta?
N: Oito e setenta? Aí é só pegar o dois mais um. Aí depois o três mais um, o quatro mais um...
F: E como que você fez do quatro mais um?
N: Pra descobrir cinco?
F: Isso.
N: Aí eu peguei os quatro mais um. Aí eu peguei os onze reais mais dois reais, quatorze.
F: Treze.
N: Aí sessenta centavos mais noventa, um e cinquenta. Aí eu somei esses dois e deu quatorze e cinqüenta.
F: Como que você chegou nesse aqui, de 9 gibis?
N: De nove gibis? Eu peguei assim, tem duas formas de eu saber: seis gibis mais três gibis, aí é só somar o valor; ou então o cinco mais o quatro.
F: Qual que você escolheu?
N: Eu fiz com o seis mais o três, depois eu fiz com o cinco mais o quatro, pra ver se dava o mesmo resultado.

<table><tr><td>Número de gibis</td><td>1</td><td>2</td><td>3</td><td>4</td><td>5</td><td>6</td></tr><tr><td>Preço em reais</td><td>2,90</td><td>5,80</td><td>8,70</td><td>11,60</td><td>14,50</td><td>17,40</td></tr></table></td><td>Ao efetuar as operações que possibilitam encontrar os valores para preencher a tabela, opera mentalmente.
Reconhece que multiplicar por 2 é o mesmo que adicionar dois valores iguais.
Reconhece que multiplicar por 9 é o mesmo que multiplicar por 3 e por 6 separadamente e adicionar os resultados ou multiplicar por 5 e por 4 e adicionar os resultados.
Opera com os números racionais reconhecendo os valores monetários, a partir da vivência que possivelmente tem do dinheiro.</td></tr>
</table>

Lupita

F: ...Essa aqui como que você resolveu essa operação?

L: Eu pus 28 x 12. Aí oito vezes dois, dezesseis e oito vezes 10, oitenta. Aí vinte vezes dois, dá quarenta e vinte vezes dez dá duzentos. Aí eu somei tudo que deu 336. Aí depois eu somei mais cinco gibis, que deu 341.

F: Conta pra mim como que você fez esta.

L: Essa aqui é da número 4. Aí aqui primeiro tava assim: pra multiplicar o dois e noventa centavos por dois. Aí eu multipliquei noventa centavos vezes dois, dá um e oitenta. E dois reais vezes dois, dá quatro reais. Aí eu somei um e oitenta mais quatro reais, deu cinco e oitenta.

F: Quando você pensa em 90 centavos vezes dois, você já pensa direto um e oitenta? Ou tem alguma coisa que você pensa antes?

L: Ah, eu já penso logo.

F: Já vem separado em dinheiro?

L: É... Aí agora dois e noventa vezes três. Noventa centavos vezes três dá dois e setenta. E dois reais vezes três, dá seis reais. Dois e setenta mais seis, oito e setenta.

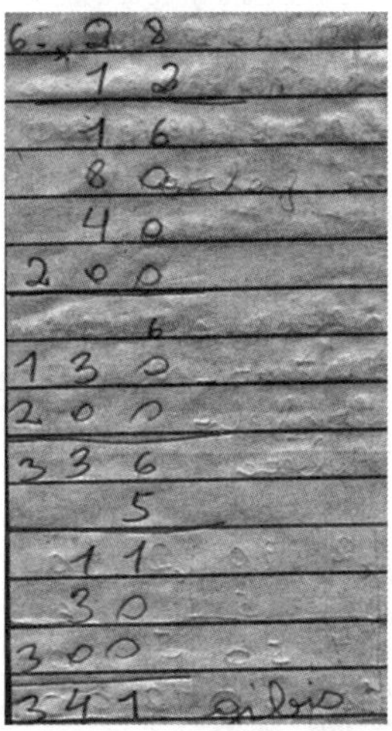

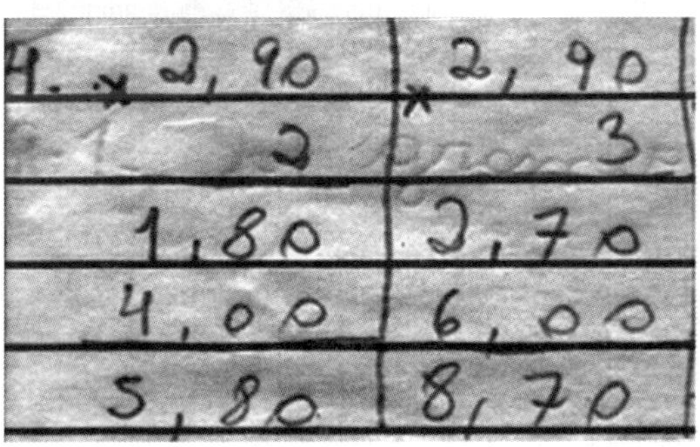

Ao efetuar a multiplicação de 28 por 12, opera com os algarismos de cada número respeitando seu valor posicional.

Ao adicionar os produtos que encontrou ao multiplicar, adiciona as dezenas, desprezando as unidades. Finalmente adiciona centenas, dezenas e unidades.

Opera com os números racionais reconhecendo os valores monetários a partir da vivência que possivelmente tem do dinheiro.

<table>
<tr>
<td>Ceni
F: Me conta como que você resolveu essa.
C: É... Nove vezes quatro, dá três e sessenta.
F: Nove vezes quatro dá três e sessenta?
C: Noventa centavos vezes quatro dá três e sessenta. E quatro vezes dois reais dá oito reais. Somando tudo dá onze e sessenta.
F: Você já pensa nove vezes quatro dá três e sessenta? Quando você pensa, você já pensa assim?
C: É que eu aproveitei essa parte aqui de dois e setenta e coloquei mais noventa.
...
F: No dois e setenta você pos mais noventa? Você acha mais fácil fazer assim do que fazer 4 vezes noventa?
C: Não... Pra ver se ta certo eu faço, quatro vezes noventa.
F: Você faz o quatro vezes o noventa, pra conferir se a sua adição ficou certa. Ah, ta bom.
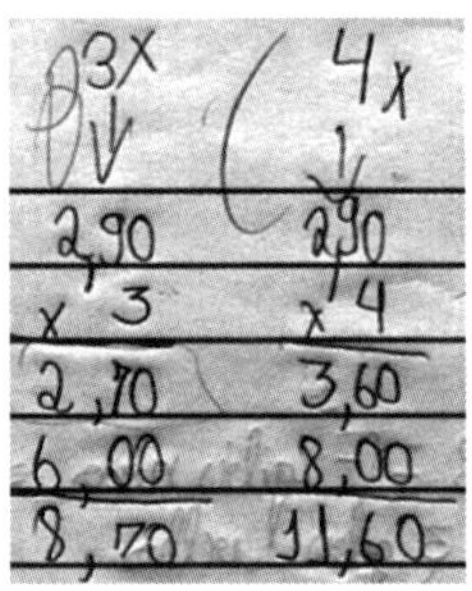</td>
<td>Reconhece que multiplicar é o mesmo que efetuar uma adição de parcelas iguais, na medida em que lança mãos de resultados já efetuados para encontrar um novo resultado.
Opera com os números racionais reconhecendo os valores monetários a partir da vivência que possivelmente tem do dinheiro.
Mentalmente utiliza a adição, mas no registro se vale da multiplicação como modo de conferir se seu raciocínio está correto.</td>
</tr>
<tr>
<td>Leuri
F: Como que você resolveu esse aqui?
L: Dois e noventa vezes três. Aí... aqui... Eu sei que três vezes o noventa centavos, é igual a dois e setenta.
F: E você já pensa assim direto? Três vezes noventa, dois e setenta? Tem alguma coisa que você pensa antes?
L: Penso. Três vezes o nove, pra ficar mais fácil. Aí dá dois e... vinte e sete. Aí como eu tirei o zero, eu coloco o zero de novo que dá duzentos e setenta. Como ta se tratando de dinheiro eu coloco a vírgula, dois reais e setenta centavos.
F: Ah.
L: Três vezes dois, dá seis... dá seis. Dá seis reais. Aí eu somo que deu oito e setenta.
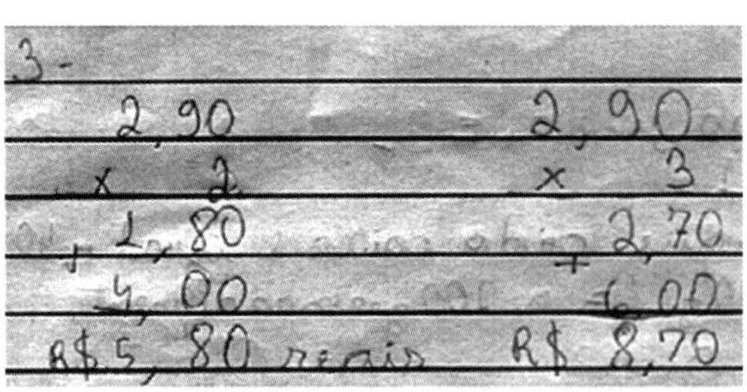</td>
<td>Decompõe o valor monetário em inteiros e centavos e efetua a multiplicação por um natural separadamente, adicionando ao final os valores encontrados.
Identifica a relação da multiplicação e da divisão como procedimentos inversos, pois se dividiu por 10 para facilitar os cálculos, ao final deve multiplicar por 10.
Ao lidar com valores monetários efetua a operação sem se preocupar com a vírgula que indica valores inteiros e, ancorada na vivência que possivelmente tem do uso do dinheiro, ao encontrar o resultado procurado retorna aos centavos.</td>
</tr>
</table>

O estudo das interpretações dos pesquisadores a respeito das compreensões dos alunos, na busca dos conhecimentos envolvidos no processo de operar e solucionar as situações propostas, revela que, para a solução de problemas de multiplicação, os alunos trazem ideias de dobro, valor posicional, divisão, inteiros e partes, bem como das propriedades distributiva e associativa da multiplicação, do sistema de medidas e procedimentos de contagem, e cálculo mental. Indica, ainda, que compreendem a constituição do sistema de numeração decimal como posicional e de base 10.[13]

Na solução dos problemas propostos, o contexto sempre esteve presente conduzindo o processo de pensar. Pedir que escrevessem o que pensaram favoreceu, em alguns casos, a introdução de registros numéricos que respeitam regras de resolução de expressões numéricas.

Para os alunos Gasper (atividade 3) e Lucanildo (atividade 3), a escrita não serviu para expressar sua compreensão. Lupita (atividade 3) sente-se à vontade para manifestar seu pensamento, explicitando a compreensão de inteiro e partes e do sistema de medidas.

Gasper expressa na escrita a compreensão de valor posicional e opera com essa compreensão. Mr. Baratinha, Leuri e Ceni trabalham com o número como um todo, sem decompô-lo nas diferentes ordens, e expressam compreensão do valor posicional.

A aluna Lupita, na atividade 2, ao fazer o registro de que 7 x 36 é o mesmo que 7 x 30 + 7 x 6, bem como que 7 x 30 é o mesmo que 7 x 3 x 10, operando (7 x 3 x 10) + (7 x 6) antecipa, no processo de escrita de expressões numéricas, procedimentos ainda não explorados em sala de aula quanto à propriedade distributiva da multiplicação usando a adição.

É interessante desenvolver atividades com vários significados da multiplicação, para que o aluno possa constituir a ideia de multiplicação vivenciando-a de diferentes pontos de vista. Por exemplo, ao identificar a contagem de quadrados que compõem o retângulo como um produto da largura pelo comprimento, efetua a multiplicação, encontrando o número de azulejos quadrados que fora pedido.

No diálogo com o aluno, constatamos a importância de estimulá-lo a explicitar o que pensou. É assim que, no pensamento multiplicativo, mais do que multiplicar dezenas por unidades, depois por dezenas e assim por diante, como é proposto pelo algoritmo da multiplicação apresentado nos

13 Diz-se que o sistema numérico é decimal ou de base 10 pelo fato de dez unidades de uma ordem constituírem uma unidade de ordem imediatamente superior.

livros, torna-se mais fácil para ele lançar mão das propriedades que observa no sistema de numeração decimal e, no caso, trabalhar com multiplicações e divisões por 10 e por 100.

Em relação às questões que envolvem proporcionalidade, muitas vezes buscam no cálculo mental a base para sustentar seu pensamento, mas não expressam esse pensamento na forma escrita. A escrita é algo que entra em cena quando o pensamento operatório se torna mais complexo e, assim, é necessário registrar as operações realizadas para que não se percam.

Os diferentes modos de se apresentar as ideias multiplicativas contextualizadas em atividades escolares tornam-se possibilidades de desenvolver a compreensão do número e sua constituição num sistema de numeração posicional e decimal. Possivelmente, ao compreender as diferentes maneiras de a multiplicação se dar, os alunos constituem um solo perceptivo (Merleau-Ponty, 1994) que mais tarde os ajudará a compreender outras ideias matemáticas, como a área de figuras planas, a análise combinatória, razões e proporções.

Considerações finais

Neste capítulo, expusemos os resultados de nossos estudos sobre número, sua constituição e os processos multiplicativos. Apresentamos algumas ideias da Fenomenologia, especialmente as de Merleau-Ponty. Apresentamos também o que dizem alguns alunos do 5º ano de escolaridade (antiga 4ª série) quando é pedido que explicitem, por escrito e verbalmente, como efetuam multiplicações em situações propostas em sala de aula.

Retomando as análises e reflexões que fizemos ao longo do capítulo e os temas trabalhados nos demais capítulos deste livro, temos pela frente o desafio do trabalho escolar com números.

Pedir às crianças que falem sobre o que fizeram ou como pensaram o que fizeram é possibilitar-lhes perceber sentidos e ampliar suas compreensões. Trabalhar com elas de modo a que decorem fatos numéricos, sem compreender o que fazem, insere-se no que Merleau-Ponty (1994) descreve como "fala vazia". Apesar de repetirem procedimentos e aplicarem técnicas, não são capazes de falar sobre o que fazem, nem como o fazem. Permitir-lhes produzir significados para as ideias matemáticas, diante dos desafios que essas atividades constituem para elas, é muito mais rico do que garantir apenas a transmissão de conteúdos formalizados.

Numa abordagem fenomenológica ao trabalho com a multiplicação na escola, buscamos compreender como as ideias se tornam presentes na cultura, e convidamos os professores que atuam nos anos escolares iniciais do Ensino Fundamental a possibilitar aos seus alunos situações que possam vivenciar, por estarem presentes na cultura da escola e da classe. Essas ideias se constituem com base num solo perceptivo que abre um vasto horizonte de possibilidades. Aos poucos, vai brotando uma compreensão que, para Merleau-Ponty (1994, p.200), consiste em vivenciar o acordo entre aquilo que intencionam e o gesto que efetuam. Esse processo é feito pelo corpo como mediador de um mundo. A criança, no corpo-próprio, ao compreender um significado, amplia seu mundo cultural. Assim, o corpo-próprio efetua para ela a apropriação do mundo.

Parte III

Compreensão fenomenológica de Geometria e possíveis abordagens didático-pedagógicas

Capítulo 6

Geometria e Fenomenologia

Maria Aparecida Viggiani Bicudo
Verilda Speridião Kluth

O proposto no título deste capítulo é ambíguo. Pode tanto trazer o entendimento de uma abordagem ampla e profunda sobre o que é Geometria e como é concebida e trabalhada na abordagem fenomenológica como também permanecer na dimensão de generalidades a respeito de ideias sobre Geometria, trabalhadas pela Fenomenologia.

Não pretendemos permanecer no nível de uma generalidade vazia que apenas anuncia sem desenvolver os raciocínios que sustentam o enunciado. Entretanto, sabemos que não daremos conta de explicitar analítica e historicamente os passos dados por Husserl ao longo de toda sua obra, no que se refere à Geometria e a sua constituição como ciência, mas também não é esse o objetivo deste livro.

Com o tema deste capítulo, temos a intenção de levar aos leitores a problemática da Geometria tratada na obra de Husserl e de alguns seguidores, notadamente Merleau-Ponty, e desenvolver alguns de seus aspectos. Para tanto, vamos explicitar como esse autor enfoca a gênese do pensar geométrico numa perspectiva fenomenológica e apontar aspectos desse modo de entender a Geometria que se mostram relevantes para o trabalho educacional. Ao abordar esse trabalho, serão prioritários os estudos de Merleau-Ponty sobre percepção.

Breve panorama da Geometria na Fenomenologia husserliana

A Geometria está no campo das preocupações de Husserl com a ciência moderna e, nesse contexto, com a Matemática. Ele se indaga: como se justifica essa ciência (a Geometria) e qual sua especificidade no âmbito da ciência Matemática? No início de sua obra, assim como procede em relação à Aritmética, trabalha os aspectos psicológicos constitutivos da Geometria, buscando sua construção lógica. Tais estudos se encontram em Philosophie de l'Arithmetique (Husserl, 1972), publicada em 1891. Na década de 1930, ao retornar à interrogação sobre a origem da Geometria, focaliza sua gênese histórica, que vai se solidificando nos processos de idealização, formalização e estratificação cultural. Essa sua maneira de compreender a Geometria é proposta como síntese compreensiva em *The Origin of Geometry* (Husserl, 1970b), escrito em 1936.

Mediante estudos sobre a Geometria à disposição em seu tempo, observa que nos últimos dois séculos havia ocorrido forte reação a Euclides, em relação ao método da síntese, que, por meio de admissões sucessivas, conduz aos procedimentos demonstrativos. Chama atenção para o aspecto de não ser tanto o método que é colocado sob suspeição, mas os fundamentos dessa teoria, como a definição de reta e o axioma da paralela. Atento ao nascimento da Geometria não euclidiana, observa que Riemann e outros, tomando o encaminhamento da curva de Gauss, interpretam a Geometria em termos analíticos, porque não se fixam nos conceitos euclidianos, mas na análise das relações estruturais constitutivas da própria ciência Geometria. Isso conduz à afirmação de que o espaço é uma multiplicidade tridimensional e a superfície, uma multiplicidade bidimensional, tratando-se, em resumo, de uma fundamentação lógico-matemática da Geometria.

> Desse modo, a geometria euclidiana é um caso particular de um conjunto infinito de geometrias e assim se entende também porque não foram bem-sucedidas todas as tentativas de provar o décimo primeiro axioma de Euclides e como são possíveis geometrias, como aquela de Lobacevsky, que se baseiam em axiomas diferentes. (Bello, 1986 p.92)

O que está sob suspeição na discussão husserliana, ao criticar a maneira analítica de conceber a Geometria, é a questão: de onde surge o conceito matemático de curvatura?

> De fato a posição de Gauss, Riemann e Helmholtz implica um círculo (uma tautologia): de onde surge o conceito matemático de curvatura? Isso pressupõe o espaço tridimensional e, ainda, a multiplicidade relativa ao plano não pode ser deduzida daquela relativa à curva. Isso poderia ocorrer se o conceito de curva tivesse prioridade sobre o de plano, mas ocorre o contrário. É como se se quisesse deduzir o conceito de unidade do conceito de número. Em realidade, todo número pressupõe o conceito de unidade. Então é claro que o conceito de curva não justifica a base da Geometria. (Bello, 1986, p.92)

Pressupor uma multiplicidade de planos numa dimensão significa que também se está levando em conta a Geometria euclidiana. Em decorrência, tem-se que o conceito de plano não é dedutível matematicamente em termos de conceitos primitivos, como ocorre com a Geometria euclidiana, mas sim de forma lógico-matemática. Portanto, construtiva.

De acordo com Husserl, a Geometria que se funda sobre uma multiplicidade qualquer em *n* dimensões é consequência do tratamento lógico-algébrico dado à Geometria euclidiana. Ao buscar justificar a Geometria e sua especificidade no âmbito da ciência Matemática, a investigação vai em direção à explicitação do espaço, mais do que naquela da justificativa pretendida.

Segundo o estudo de Ales Bello (1986), a fundamentação da Geometria apresentada no início das investigações de Husserl permanece coerente com os trabalhos subsequentes desse autor. Porém, a pesquisa sobre o espaço, nessa fase, carrega seu ponto de vista psicológico, como ocorre também com a questão referente à Aritmética. De acordo com Ales Bello, a análise psicológica contém um momento descritivo e outro genético. Na dimensão descritiva, o espaço pode ser considerado relativo à vida cotidiana, espaço da Geometria pura ou aplicada, e espaço da metafísica.

Na percepção do espaço que se dá na intuição de experiências vividas no cotidiano do mundo-vida, o espaço não é percebido como uma unidade, pois esta é fruto de uma elaboração lógica. A lógica não é fundamentação da percepção do espaço, mas a intuição do espaço é importante para o processo de (re)elaboração lógica do espaço percebido. Essa (re)elaboração conta com a intuição e também com um processo de idealização do espírito.[1] Esse modo de compreender a ciência Geometria é crucial para o desenvolvimento da fenomenologia husserliana.

---

1 Ver significados de idealização e de espírito no capítulo 1.

A seguir serão abordadas as dimensões psicológicas e fenomenológicas pertinentes à construção do conhecimento geométrico; o processo de idealização, trazendo então a formalização da Geometria; história e mundo-vida na construção e na manutenção da Geometria; e alguns exemplos de atividades realizadas em situação de ensino e aprendizagem da Geometria que consideram a compreensão fenomenológica exposta.

Dimensões psicológica e fenomenológica na construção do conhecimento geométrico

A dimensão psicológica abrange as explicações de Husserl sobre o fundamento de conceitos geométricos, como figura, grandeza, ângulos. O autor afirma, contrariamente aos matemáticos, seus contemporâneos, que esses conceitos não são categorias formais. Para ele, por meio de determinações apenas formais não é possível conceber-se a multiplicidade do espaço. Trabalha com a ideia de que esses conceitos estão sustentados por fatos empíricos, dados na ligação entre a sensação do visível e aquela relativa ao movimento.

Em 1934, Husserl escreve um texto sobre a origem fenomenológica da corporeidade da natureza, no sentido da ciência da natureza e da espacialidade (Husserl, 1989). Nessa época, desenvolve o pensamento fenomenológico buscando efetuar a redução para focar o solo original da idealização e das concepções científicas de mundo na própria experiência vivida. Volta-se, uma vez mais, à interrogação sobre a origem do espaço, e seus escritos revelam que, ao fazê-lo, reflete sobre repouso e movimento, remetendo-se a um centro de referência que se confunde com a corporeidade, isto é, com a carnalidade do corpo. Em *La terre ne se muet pas* (Husserl, 1989), são reunidos três manuscritos póstumos de Husserl, dos quais um se denomina *Notes pour la constituition de l'espace*. Ao mencionar que andamos num espaço onde o movimento e o repouso dos corpos remetem a um centro de referência que se confunde com a "minha carne", interroga: o espaço não seria então constituído com base em diversos modos de minha maneira de ser encarnado e de diferentes campos de minha sensibilidade?

No caso da concepção nuclear de espaço, como estava então sendo tratado por Husserl, o foco da atenção volta-se para a descrição das ações do sistema cinestésico, como as visual-motoras, de distanciamento, modificação e orientação, que formam a base da percepção bidimensional e tridimensional do espaço.

Merleau-Ponty (1994) retoma essa orientação de Husserl e, em Fenomenologia da percepção, trabalha-a em detalhes, sem se afastar da postura fenomenológica assumida tanto como visão de mundo e de conhecimento como de método. Foca as questões da motricidade e do corpo-próprio, entendido como Leib, corpo com movimento intencional, cujas ações são efetuadas num campo-horizonte em que profundidade e direção orientam movimentos e propiciam experiências geométricas intencionadas.

Nesse item, vamos nos deter em Merleau-Ponty para trazer as questões da experiência vivida que dá origem também às ideias geométricas, em especial à noção de espaço, olhando-as na dimensão da relação noesis/noema, ou percepção/percebido.[2] Vamos também enfatizar as conexões com Husserl no que dizem respeito à evidência constitutiva do conhecimento geométrico. Nessa dimensão, estaremos trabalhando no nível do conhecimento pré-predicativo, por destacarmos a experiência vivida na imediaticidade do agora, da verdade dada na percepção como presença, momento em que a evidência ilumina o visto e as interligações com a totalidade do solo-horizonte onde a percepção se dá. Merleau-Ponty (1994, p.3), leitor de Husserl, afirma, como este, que a ciência é um conhecimento de segunda ordem:

> Tudo que sei do mundo, mesmo por ciência, eu o sei a partir de uma visão minha ou de uma experiência do mundo sem a qual os símbolos da ciência não poderiam dizer nada. Todo o universo da ciência é construído sobre o mundo vivido e, se queremos pensar a própria ciência com rigor, apreciar exatamente o seu sentido e o seu alcance, precisamos primeiramente despertar essa experiência do mundo da qual ela é a expressão segunda. A ciência não tem e não terá jamais o mesmo sentido de ser que o mundo percebido, pela simples razão de que é uma determinação ou uma explicação dele.

A concepção de mundo vivido é aquela explicitada por Husserl como Lebenswelt nas obras escritas na década de 1930 e tratada de maneira sistemática em *Crisis of the European Sciences*, explicitamente na Parte II A (Husserl, 1970).

2 Os trabalhos efetuados pela Fenomenologia em Educação Matemática (FEM), e que constituem os capítulos apresentados a seguir, focam a construção do conhecimento geométrico na perspectiva do pré-predicativo. Tal perspectiva é entendida como o que está na gênese da construção do conhecimento geométrico realizada pela pessoa, individual e intersubjetivamente, e por seus companheiros, na medida em que o percebido na percepção faz sentido e é expresso.

Para Husserl, o mundo, vivido como uma totalidade harmonicamente consistente, é dado de forma imediata na percepção, ato que confere a cada um de nós, num primeiro momento, na praticidade do empiricamente vivido, a certeza ôntica de sua realidade. De acordo com ele, é o bastante para a prática do conhecimento diário. Está-se no mundo sempre em termos de algum conteúdo, que se apresenta nas alterações dos modos de ser. Eis uma das estruturas do mundo-vida: doar-se e ser intuível diretamente na experiência de cada sujeito, ego-polo.[3] Assim, temos como relevantes, na descrição do mundo-vida, o ego-polo e o mundo-polo, que, mesmo sem abordar as outras características de sua estrutura, revelam uma díada em constante movimento. Movimento dos atos da consciência que, na intencionalidade dirigida aos conteúdos do que se doa à perceção, intui o que se mostra em modos de aparecer, também em movimento. Nessa díada há uma correlação entre percepção e percebido.

O percebido é a "coisa". Não algo objetivo, dado em si, existindo em termos de forma e conteúdo precisos, mas algo fluido, mutante, que se mostra e se esconde, que se exibe em múltiplas aparências, cada uma funcionando como exibição de um conteúdo, de uma função prática, de um "para quê". Como parte da percepção da coisa[4] estão o horizonte do mundo e a intencionalidade do ego-polo. Dada a conexão já posta pela intencionalidade que abarca na percepção o percebido (o mundo e, nele, a coisa), temos que, ao falar dessa característica da estrutura do mundo-vida, a coisa é sempre um índice de um sistema subjetivo. Pela intencionalidade e pela unidade harmônica do horizonte, os índices se constituem matéria para a efetivação de sínteses de unificação da coisa, que então se apresenta como uma unidade e não algo disperso em percepções múltiplas e mutantes.

O mundo-horizonte é o solo de toda certeza ôntica. É pré-dado como um campo universal, como horizonte que se abre a compreensões. Nessa onticidade, vive-se na certeza do mundo, uma vida consciente do mundo e de si mesmo como ser vivente que experiencia e efetua na praticidade de suas

---

3 Ego-polo se refere ao eu. Para Husserl (1970a, p.183), cada eu é considerado o ego-polo dos seus atos, hábitos, capacidades e inquéritos retroativos, que ocorrem em todas as direções de reflexão e, como intencionalmente dirigido ao que aparece à sua volta, com certeza ôntica, volta-se ao polo-objeto particular e seus respectivos polos-horizontes.

4 A coisa é sempre um índice de sistema (de percepções) subjetivo e intersubjetivo de correlação entre a percepção e o percebido. De acordo com Husserl (1970a, p.166), tudo que existe, seja concreto, abstrato, real ou ideal, tem sua maneira de se doar à percepção e, pelo lado do sujeito, sua maneira de intenção em modos de validade.

ações a certeza do mundo. Tal dimensão empírica possibilita as avaliações do correlato do percebido, ou seja, o mundo em seu fundo, a coisa percebida. É o solo primeiro, ou o primado, em termos do conhecimento filosófico-científico.

Como já explicitado em outros capítulos, os atos da consciência dão-se na carnalidade do corpo-próprio, que intencionalmente está e se movimenta no mundo-horizonte. Nessa dimensão vamos falar da constituição de ideias de espaço e, com elas, de profunidade, distância, e comparações de distância. Estamos no nível do conhecimento pré-predicativo, ainda não elaborado e trabalhado em desdobramentos possibilitados pelos atos da razão e amparados na lógica e na metodologia à disposição no mundo da ciência.

Para Merleau-Ponty (1994), a origem do espaço está nas relações orgânicas estabelecidas entre o sujeito e o mundo, ou seja, no poder exercido pelo sujeito sobre o mundo. Esse poder é entendido como a força presente na motricidade do corpo-encarnado que, nos movimentos intencionais, define o lugar em que está por meio das tarefas, do que intenciona efetuar, e das situações específicas, delineadas por sua unidade harmônica com o mundo-horizonte. Nesse movimento investiga o espaço aquém da distinção entre forma e conteúdo. "Meu corpo está ali onde há algo a fazer" (Merleau-Ponty, 1994, p.336).

A nitidez visualizada na percepção e na ação define o solo perceptivo que se põe como fundo em que coexistimos: corpo-próprio-mundo. Esse é o modo primeiro de compreender o espaço. Portanto, a noção de espaço, conforme a compreende a Fenomenologia, não é construída pela ciência Geometria. Nós não localizamos porque nos baseamos em suas teorias, mas, ao contrário, sempre estamos localizados. Não há uma percepção primeira que dê o nível primordial sobre o qual a noção de espaço será construída. Há um corpo-próprio intencionalmente situado no mundo-horizonte, na contingência de nossa existência. Espaço não é um objeto constituído em ato de unificação efetuado pelo sujeito. Não pode ser observado.

De acordo com Merleau-Ponty, percebemo-nos num campo em que as coisas estão ligadas a nós mesmos por um elo indissolúvel, o que nos revela a profundidade. E, de novo, ao compreendermos o significado de profundidade, deparamos com a abordagem fenomenológica, com uma mudança de eixo. A profundidade pertence à perspectiva da qual se olha, portanto, está ligada ao ponto zero, que é o do corpo-encarnado e não pertence às coisas. O objeto é sempre visto de certa perspectiva da qual se olha, de um certo viés, dado pelo sujeito que olha. As relações de alto, baixo, próximo e distante indicam o lugar ocupado pelos objetos em relação ao nível espacial e ao ponto zero de onde são olhados.

Noções de grandeza: grande, pequeno, maior, menor; de posição: alto, baixo, direita, esquerda; de distância: longe, perto, são constituídas a cada momento num nível espacial em relação ao qual as coisas se situam. Essa é uma experiência primordial, não exigindo um terceiro objeto para que se possa efetuar a comparação.

É sobre esse solo de experiências vividas, de atos intencionais, que a Geometria interroga o espaço e constrói seu universo teórico-prático. Como toda obra husserliana que tem por tarefa a explicitação da ciência moderna como construção assentada no mundo-vida, a Geometria é assentada sobre esse conhecimento primeiro, direto, que não tem uma origem, um ponto de partida, mas um horizonte-solo onde estamos. Atos de evidência são originais em sua clareza para aquele que compreende e ocorrem no âmbito do sujeito.

Pode-se afirmar que a Fenomenologia husserliana trabalha com diferentes níveis de evidência quando temos em mente que as vivências são conteúdos passíveis de elaboração intencional realizada no âmbito do subjetivo e do intersubjetivo. Essa elaboração intencional se dá emaranhada no "para que" da coisa percebida nos modos de doação no mundo-vida e nas maneiras de a intersubjetividade se constituir na dimensão da comunicação empática e também na mediada pela linguagem.

O conteúdo da elaboração intencional, agora tomada em suas características subjetiva e intersubjetiva, que diz do mundo e do sujeito por expressar o mundo percebido, transpõe os limites temporais de existências humanas individuais ao ser expresso por meio da linguagem. Assim, pelas camadas sucessivas e interpenetradas umas nas outras de conteúdos e respectivas formas de expressão, a tradição se materializa na dimensão cultural e histórica do mundo-vida, que se dá como solo das ciências em geral e, em particular, da Geometria.

Está na raiz desse modo de conceber a Geometria a certeza de que sua finalidade nunca foi a de definir o espaço e sim a de evidenciar possibilidades de compreendê-lo.

A seguir, na próxima seção deste capítulo, será explicitada a elaboração geométrica intencional, que emerge do ato de perceber o espaço ao estarmos na presença do mundo, no âmbito do subjetivo/intersubjetivo. Para a Fenomenologia, essa é a origem primordial da idealização dos constituintes da ciência Geometria, que, ao se fazerem presentes nos modos de ser intencionados, disponibilizam modos de formalização que desembocam na maneira axiomática de expressar níveis de elaboração e compreensão postos na construção do conhecimento dessa ciência.

A origem primordial da idealização da forma geométrica

Numa perspectiva do senso comum, ao falarmos da idealização de uma meta ou um objeto, pensamos em alguma ideia completa que nos vem à mente e tentamos, por um processo exaustivo de realizações sucessivas, concretizar esse objeto. Algo que está posto em sua completude e que precisa ser alcançado ou obtido. Por exemplo, quando nos referimos a nosso ideal de vida, sentimos saber o que buscamos; então, basta saber como alcançá-lo. É nesse "como" que muitas vezes, num nível psicológico, quando as expectativas transcendem as possibilidades concretas, perdemos nosso norte.

Ao falarmos da idealização de objetos matemáticos na perspectiva fenomenológica, não nos referimos a algo que já nos está dado na forma última. O que temos, no decorrer da idealização, são perfis construídos, abertos às compreensões que vão se articulando e se complementando na constituição de um todo coerente. Tudo que a cada momento possa ser identificado como possibilidade de um mesmo objeto matemático, mesmo que cumprindo finalidades diversificadas. Vejamos alguns exemplos:

> [...] um aluno que trabalha sem compasso dirá que a forma redonda que traçou em seu caderno é um círculo. Isto não quer dizer que o círculo esteja colado ao desenho, aliás, pensando bem, isto também é válido para o caso em que o círculo seja desenhado com o compasso. Nesse desenho, nessa expressão temos o círculo como possibilidade, não é um círculo físico, que se desloca do material concreto; a sua presença se dá como pura possibilidade. (Kluth, 2001b, p.366)

Da mesma forma, aquele que tem uma compreensão de Geometria Analítica e Cálculo Integral vê na fórmula da circunferência – x2 + y2 = r2 – a possibilidade do círculo como cálculo de área. Portanto, o objeto matemático vai se mostrando em suas possibilidades ao ser construído ou, como Husserl dizia, vai se doando nos modos de ser, deixando-se complementar. Assim, sua idealização vai sendo intencionalmente concretizada.

Ora, o leitor crítico por certo perguntaria: o que legitima o círculo como objeto da ciência geométrica? E mais contundente ainda seria a pergunta:

como a Fenomenologia associa o círculo ao espaço e às questões cognitivas referentes à percepção?

É na percepção de espaço que a "forma", um círculo ou outra figura qualquer, se faz presente como fenômeno. Muito antes de a "forma" ser visual, ou seja, vista no desenho ou extraída de uma fórmula, a "forma" é algo que pode ser vivido como realidade em que "o valor sensorial de cada um de seus elementos é determinado por sua função no conjunto e varia com ela" (Merleau-Ponty, 1975, p.203). Assim, o raio de um círculo não se restringe à função de um segmento de reta. É um elemento que se constitui como raio ao constituir o círculo ou a circunferência. O mesmo pode-se dizer da curvatura que se constitui como círculo ou circunferência ao constituir o raio. Há, portanto, uma coexistência desses elementos explicitada por suas funções no conjunto harmonioso do mundo-vida, e que constituem uma noção de "forma", no nosso caso, a noção de círculo, que pode ser vivida até mesmo numa brincadeira de ciranda, numa constelação formada junto com outros sujeitos.

Essa noção, formada por invariantes estruturais, compõe o perfil primordial da idealização do círculo. Refere-se ao que é percebido todas as vezes e nas possibilidades de acontecimento e vivência de um evento, de onde emanem elementos com essas funções, que declaram um valor expressivo: a razão de ser do círculo, ou, como mencionado antes, o "para que" do círculo no contexto em que ele se doa à percepção. Isso constitui a "forma percebida", aquela composta pelos elementos primitivos da percepção, que põe à mostra os invariantes estruturais presentes e vividos naquela apresentação da forma.

Da mesma maneira, os três lados do triângulo percebidos na vivência espacial não são apenas segmentos de retas. São lados ao constituírem o triângulo que, concomitantemente à sua construção, os constituem como lados. O mesmo se dá com os pontos que só se constituem como vértices ao participarem de maneira ativa da constituição do triângulo como um todo.

Ao refletirmos a respeito das ideias merleau-pontyanas sobre a percepção do fenômeno "forma" (Kluth, 1997), temos que o triângulo percebido não é algo subjetivo, que designa o triângulo de um indivíduo. O triângulo percebido é a própria aparição da ideia de triângulo, como possibilidade de mundo, perfilada. É o nascimento de uma norma e não se realiza segundo uma norma. Isso quer dizer que o triângulo e sua norma se presentificam concomitantemente na vivência espacial de mundo, que se dá no corpo-próprio como sujeito da percepção.

O conteúdo da vivência perceptiva de triângulo, o triângulo percebido, compõe, segundo Merleau-Ponty, a primeira camada do ato "ver o triângulo", que vai ser elaborado por um sujeito carnal, corpo-próprio, que sabe "olhar" porque realiza a síntese temporal, ou seja, interconecta o percebido ao agora sentido e pode orientá-lo para o vir a ser como futuro.

É um "eu corpóreo" que realiza a própria síntese, a qual tem, como camada subsequente à percepção, a exploração sensorial do percebido, realizada pelos órgãos dos sentidos de um sujeito próprio. A posse própria do percebido, realizada pelo indivíduo na exploração sensorial, nos possibilita dizer que há modos de sentir a percepção e afirmar que "toda sensação é espacial, [...] ela própria constituinte de um meio de experiência, quer dizer, de um espaço" (Merleau-Ponty, 1994, p.298), que se abre a uma exploração, própria daquele que explora e atribui significados aos conteúdos vividos e percebidos.

Nessa descrição da sensação, recupera-se a camada originária do sentir sob a condição de coincidir com o ato de percepção em que se vive a unidade do sujeito e a unidade intersensorial do percebido, pois a percepção é analisada e constituída como ato que tem o corpo-próprio como sujeito, primado de todo e qualquer saber de mundo.

Dessa maneira, ao se perguntar sobre o que é sentido do percebido e de como é sentido o percebido pelo indivíduo, temos a descrição qualitativa do indivíduo que vivencia o fenômeno "forma" e os invariantes estruturais da forma, que designam suas qualidades como entes geométricos, por deixar vir à tona a forma sentida, no nosso caso, o "triângulo sentido".

Ao investigarmos a exploração sensorial do triângulo percebido (Kluth, 2001a, b e c; 2003), focando a vivência corpórea da qual emergiu a razão de ser do triângulo, vimos que, nessa camada da construção do conhecimento, os entes geométricos se dão como:

- *Constatações*, que selam o percebido, como aquelas que dizem da possibilidade de o indivíduo sentir-se um vértice ou um lado, de perceber a relação intrínseca entre vértice e lado, de perceber o triângulo existindo ao sentir sua presença e a comunhão entre sujeito, Matemática e mundo.
- *O sentido que se faz*, indicando o movimento contínuo da compreensão. Vimos que o aluno se sente construindo um triângulo com os outros, seus cossujeitos em situação, e o processo de conhecer de novo o triângulo se revela.
- Síntese de transição, que aponta saltos ou o solo para um salto de compreensão. O aluno se sente um ponto de um ângulo, num lugar qualquer,

revelando um lugar que é qualquer, uma possível abstração espacial como solo na camada do sentir.

Após a vivência de situações de acontecimento do triângulo, como possibilidade ao estar-se no mundo-vida, o aluno, sujeito da pesquisa, ao desenhar o vivido, deixa à mostra uma forma, que denominamos forma produzida, o triângulo produzido, signo de um primado do pensar matemático que transmite o triângulo percebido e o triângulo sentido.

É nesse âmbito da construção do conhecimento geométrico que vemos o valor educacional das construções geométricas elementares. Elas trabalham com afirmações que descrevem, de maneira bastante próxima, a situação vivida na "origem" da idealização dos entes matemáticos. Dizemos que essas situações são próximas da "origem" porque expõem a relação dos constituintes da forma. No caso do triângulo, expõem as interdependências entre as funções de seus constituintes, embora de maneira mais elaborada.

Na abordagem fenomenológica, a noção de triângulo, o triângulo percebido não se constitui, por exemplo, como uma união de lados. Não é um agrupamento normativo tacitamente programado de segmentos de reta que fecham uma região e que tem a soma dos comprimentos de dois lados maior do que o comprimento do terceiro lado. Essa já é uma afirmação matemática que pode ser desenhada, porém também é dedutível de comparações e relações entre comprimentos de lados e aberturas de ângulos de um triângulo, constituídas por uma visão intencional que se refere ao triângulo produzido, aquele expresso numa linguagem matemática, que, sem dúvida, também se refere ao triângulo percebido e ao sentido, quando submetido a uma análise intencional.

A maneira fenomenológica de compreender a dinâmica da construção do conhecimento de uma forma geométrica, desde a origem primordial, diz da forma percebida que, nas características intersubjetivas, presta-se como solo de expressão, gerando a forma produzida nos diferentes modos de objetivar a intencionalidade humana, como a artística ou a científica.

Os modos de objetivação científica que tecem as camadas da construção do conhecimento geométrico estão nuclearmente ligados aos modos de eles próprios serem expressos. Significa que o percebido vai sendo constituído como objetividade em concomitância com os modos linguísticos que os expressam, e vice-versa. Esse fluxo indica que a formalização e a idealização são dinâmicas inseparáveis.

A construção da ciência Geometria

Até este momento do capítulo, enfocamos prioritariamente a descrição dos atos pelos quais o conhecimento geométrico vai sendo constituído nas dimensões subjetivas e intersubjetivas. Enfatizamos as características pré--predicativas dessa constituição, pois é nessa dimensão que as experiências são vivenciadas e os núcleos de sentido e de significação se formam, num tecido bem amarrado com o próprio mundo-horizonte. É desse fundo que as percepções se destacam, de maneira que deixam de ser atos puramente psicológicos para se assumirem inseridas em harmonia na totalidade do mundo-vida.

Na seção anterior expusemos compreensões dos atos de idealização mediante os quais as experiências vividas e os respectivos sentidos e significados gerados na amarração da subjetividade, intersubjetividade e das expressões linguísticas vão se constituindo realidades diversas das próprias experiências. Isso é efetuado na medida em que há um trabalho de reunião desses sentidos e significados numa unidade, constituindo um objeto com características próprias, diferentes das experiências que originaram tais sentidos e significados. É um trabalho contínuo de reunião de variedades de percepções, evidências e compreensões noemáticas em "todos" que manifestam aquelas variedades específicas, mas que as transcendem, uma vez que dizem algo mais. De maneira intencional, são elaboradas organizações estruturais que os sustentam e lhes permitem ser tomados agora como unidades passíveis de serem vivenciadas, intuídas e vistas na clareza de evidências nos modos característicos de se apresentarem no mundo-vida e na região do conhecimento com a qual aqui estamos trabalhando. Em nosso caso, a Matemática, e, nela, a Geometria.

A estrutura da ciência Geometria é por certo constituída pela idealização, mas não só. Também constam dessa estrutura a formalização e a categorização. Quanto à idealização, a formalização é um pouco mais complexa por abranger a relação da ciência com a Lógica.

De acordo com Bello (1986), Husserl distingue e não distingue a idealização da formalização. Isso porque, do ponto de vista da Lógica, Husserl trabalha à exaustão para explicitar os significados da Lógica formal, de maneira a transcender o dado na História fatual e apresentar a Lógica formal e transcendental. Isso quer dizer que efetuou um trabalho de análise reflexiva, intencionalmente buscando o eidos da lógica formal. Nesse aspecto, Husserl aponta um sistema axiomático completo em termos sintáticos. A forma da ciência, no caso da Matemática, é dada pela Lógica. Entretanto, pelo lado epistemológico, a ciência Matemática não conta com um sistema semanticamente completo.

Husserl, porém, não considera a Matemática formal um jogo de símbolos. Ele faz uma distinção entre a meta do lógico, ou seu campo de interesse, como referida ao domínio do objeto e à teoria do possível, e a do matemático como se atentasse à verdade possível, no âmbito da forma da teoria com a qual trabalha.

Na perspectiva fenomenológica husserliana, o momento semântico prevalece em relação ao lógico-formal. Isso se compreende pelo movimento da própria intencionalidade que, ao trabalhar sempre com objetos intencionais, já os traz para a relação noesis-noema, de maneira que a intenção cognoscitiva se faz presente. E também pela intencionalidade, em Husserl o momento formal que se refere a "qualquer objeto que seja" não perde uma intenção significativa.

De acordo com Ales Bello, a tendência semântica de Husserl não pode ser vista como a tentativa dos logicistas, como Tarski e Carnap, de unirem a Semântica à Lógica, fazendo com que aquela entre nesta. Entretanto, para eles, a verdade é rigorosamente formal. Para Husserl, a questão ontológica paira além daquela apofântica.

Portanto, na operação da formalização apresentada pela fenomenologia husserliana, estão presentes articuladamente os atos cognoscitivos, pois ela abrange as Erlebnisses, a forma dos juízos e a região ontológica à qual os juízos remetem. Esse último aspecto se abre à questão da categorização da ciência.

A categoria indica a região característica da ciência em questão, com respeito aos atos cognoscitivos ligados à realidade da região ontológica. Tentando deixar essa afirmação mais clara, fazemos referência aos atos perceptivos que se dão em consonância com as modalidades do ver e do visto. Ou seja, o visto se apresenta com características próprias à sua região ontológica.

O movimento da categorização segue o modo da idealização. Não se dá de maneira dedutiva, como se já estivesse aprioristicamente definida a região ontológica. Mas esta vai se fazendo à medida que compreensões das características de formas de conhecer e da realidade como se mostra são articuladas mediante a análise transcendental em "todos" relativos a esses atos e realidades. Assim, a categoria pode indicar diferentes regiões, como a matéria, referentes aos objetos em sua concretude e individualidade, a região formal que inclui todo objeto, qualquer que seja, e assim por diante. As regiões indicadas pelas categorias podem se apresentar como um pequeno patrimônio de verdades que servem de axiomas. Nesse âmbito, trabalha-se com procedimentos dedutivos e não descritivos.

Ao trazermos essa compreensão para a região da Geometria, deparamo-nos com toda a complexidade da constituição de uma ciência: pelas experiências vividas que preenchem de sentido as afirmações sobre o percebido; pelo movimento de idealização, em que a variedade da formação espacial se estrutura segundo propriedades lógicas; pelo movimento de categorização que delineia a região formal e ontológica dessa ciência.

A construção do campo de conhecimento da Geometria: questões da Linguagem e da História

A Geometria, como toda ciência, é construída no mundo-vida. Significa que todos os procedimentos que a estruturam como região de inquérito têm como fundo o mundo-horizonte onde as experiências vividas são subjetivas e também carregam consigo o mundo e sua história. Mundo-vida é a tradução de *Lebenswelt*, termo que aparece nos escritos de Husserl da década de 1930, ao focar como interesses a História e o mundo. Consideramos a tradução desse termo como mundo-vida (Kluth, 2000), pois

> entendemos que a vida assume primazia e que, devido às suas especificidades, ela tem um mundo. Mundo-vida mostra-se para nós como um "mundo" que tem "vida". Este sentido se faz valer à medida que olhamos atentamente para o mundo e buscamos compreendê-lo com a sua força, impondo-se e tudo abarcando, ao modo de um caldo grosso que vai se alastrando, cobrindo o que aí está, ao mesmo tempo em que se engrossa e se nutre disso. É um mundo vivo. Portanto mutante, temporalizado, espacializado. (Bicudo, Rosa, 2007, p.2)

A Geometria está imersa nesse caldo, que a nutre e que por ela é nutrido. De que modo? Mediante camadas de sentido e de significados que vão se superpondo de maneira interconectada, formando uma totalidade tecida por fios constituídos pela intencionalidade de sujeitos, pelo *Gheist* da cultura, pelas demandas socioeconômicas, pelas perguntas e interrogações de uma civilização, pelos modos de procedimentos e tecnologias à disposição. Fios esses que se materializam e alongam na espacialidade e temporalidade, cuja concretude se faz pela realidade vivida subjetivamente por sujeitos individuais, intersubjetivamente pela comunicação do visto e compreendido por meio da linguagem, sustentada em ligações pré-predicativas empáticas, entre cossujeitos, comunidades e culturas.

Essas camadas não são justapostas de maneira linear, mas se amalgamam, formando um todo coeso e harmônico, de modo que não podemos encontrar o começo do fio da meada, mas apenas colocarmo-nos, de forma intencional, na perspectiva de onde olhamos, buscando significar o que vemos e compreendemos. Trata-se de um modo de proceder que abrange atos específicos da síntese passiva, mediante os quais "sabemos" do mundo geométrico à medida que nos locomovemos em direção a determinado objeto, de um determinado modo, como indo para frente, dando voltas, voltando ao ponto de partida, virando à direita, à esquerda; em que comparamos distâncias; em que vemos objetos de maneiras diferentes conforme a distância em que nos colocamos, conforme o jogo de luz e sombra que nos envolve (a nós e ao objeto), em que os objetos se doam na percepção, que sempre traz consigo a profundidade do mundo-horizonte. Traz também procedimentos da síntese ativa, quando intencionalmente destacamos a experiência vivida para entendermos o que estamos vivenciando, não apenas em termos de atos subjetivos e psicológicos, mas também históricos e culturais. Não nos é dado traçar uma linha-limite entre esses procedimentos. Um se enrola no outro, fazendo-se presente na carnalidade do corpo-próprio e na do mundo-vida.

A carnalidade do mundo, como aqui a denominamos, é constituída pelo que Husserl denomina de tradição e que veicula maneiras subjetivas e intersubjetivas de compreender, expressas pela linguagem. Esta ao mesmo tempo comunica e retém sentidos e significados produzidos em atos noéticos e noemáticos, em processos de idealização e em estruturas formais constitutivas do próprio domínio linguístico. Assim, a História se materializa, trazendo consigo a temporalidade e a espacialidade vividas, idealizações formatadas, experiências havidas e atos em que "o sentido se faz" e que enriquecem e confundem, pela densidade de sentidos possíveis, as palavras que se referem às coisas.

Constitui-se, desse modo, o a priori histórico em que a ciência Geometria tem seu solo. Solo movediço, passível de ser organizado e desarranjado conforme contextos, buscas, metas.

De que perspectiva vamos olhá-la? Daquela da experiência vivida pelo corpo-próprio quando pré-predicativamente os núcleos de ideias sobre o espaço e suas características estão em processo de constituição para o sujeito? Da comunicação dessas compreensões entre cossujeitos que vivenciam situações num contexto definido, como o de uma sala de aula? Da veiculada por textos que expõem teorias de Geometria? De processos dedutivos desenvolvidos com base nessas teorias e que se expandem em aplicações possíveis? De processos de idealização de experiências vividas que privilegiam atos cognitivos? De processos de idealização de núcleos de sentidos e de significados expressos? De processos de formalização e de categorização?

A escolha de uma perspectiva indica um caminho, pois já traz consigo uma pergunta, uma dúvida, uma busca de fazer o que e como. O trajeto percorrido revela as camadas e, no próprio processo de busca e de revelação, evidências são atualizadas, estruturações são arranjadas, textos são produzidos, aplicações diferentes são encontradas, enfim, entra-se no movimento da sua construção.

Fechamento e encaminhamento para os capítulos seguintes

O Grupo de Pesquisa Fenomenologia em Educação Matemática (FEM) escolheu como perspectiva investigar as experiências vividas em situações de ensino e de aprendizagem de Geometria. São dessas investigações que tratam os capítulos a seguir, à exceção de um, que investiga os processos de idealização e de expressão dessas idealidades por meio de figuras.

Capítulo 7

Compreensões de Geometria expressas por crianças: prelúdio fenomenológico

Fabiane Mondini
Luciane Ferreira Mocrosky
Marli Regina dos Santos

Construção do conhecimento geométrico: destacando trabalhos com experiências imediatas[1] de Geometria[2]

As necessidades práticas e o vislumbre de padrões em atividades cotidianas deram origem à Geometria, ciência historicamente reconhecida pelo rigor e pela formalidade que constitui a base do edifício matemático.

O modelo euclidiano acabou por se conservar como o principal referencial para o ensino escolar de Geometria, privilegiando as formalizações e

1 Husserl, algumas vezes, refere-se ao mundo das experiências imediatas como mundo pré-predicativo. Pré-predicativo, nos trabalhos desenvolvidos no âmbito da Fenomenologia, tem sido compreendido como o conhecimento decorrente daquelas experiências, sem que sua expressão por meio da linguagem tenha sido colocada em destaque, com a intenção de se tornar tema de investigação ou de uma análise refletida. Husserl, outras vezes, fala que o mundo descrito é um mundo cultural organizado e mantido para fins práticos pela tradição linguística, e pode ser denominado pré-teórico. Pré-predicativo e pré-teórico diferem em seu foco por estarem inseridos no mundo imediato da percepção, e suas respectivas expressões, ou por estarem incluídos no solo cultural do mundo. Ambos se referem ao mundo e à experiência do mundo, sendo que, se forem tomados como separados, tornam-se vazios.

2 Este texto apresenta uma sistematização de pesquisas efetuadas no âmbito da Fenomenologia em Educação Matemática (FEM), privilegiando aquelas que tematizaram as experiências vividas pelas crianças com referência ao mundo da Geometria.

abstrações em detrimento dos aspectos intuitivos e do movimento que leva à construção dos conceitos geométricos. Em sala de aula, a ênfase está, em particular, na abordagem de ensino que trata o conhecimento geométrico como algo estabelecido e desligado de qualquer vínculo com o mundo onde as ações são efetuadas. É priorizado o mundo teórico, presente nessas salas por meio de textos, falados e escritos, e de atividades programadas de ensino e de aprendizagem.

Essa abordagem, cuja ênfase recai na linguagem proposicional e no tratamento do conhecimento geométrico formalizado, não valoriza os atos intuitivos presentes na experiência vivida. Não dá atenção aos atos embasados na percepção e suas respectivas expressões, os quais podem revelar uma compreensão existencial da Geometria.

Em termos fenomenológicos, esse aspecto pré-teórico do ambiente escolar é visto como o pré-dado, responsável por manter viva a tradição sociocultural de uma comunidade organizada. No entanto, atentos à busca do sentido e do significado que o mundo tem para professores e alunos, sujeitos do mundo-vida escolar, destaca-se a postura que busca o sentido nas vivências, isto é, nas experiências imediatas, sem basear-se em verdades preestabelecidas, que poderiam estar presentes no mundo teórico, caso não fossem colocadas em evidência para serem retomadas em seus significados, abrindo-se, então, para os sentidos que possam vir a ter para o sujeito do conhecimento.

Como foi mencionado em capítulos anteriores, do ponto de vista da Fenomenologia, estar consciente é estar atento a algo e, assim, o movimento intencional, característico da consciência, conduz ao encontro em que se dá a percepção do intencionado. A percepção não ocorre apenas na esfera da subjetividade, mas é encarnada no corpo-próprio[3] ao ser no mundo, ligando-se ao percebido. Esses atos perceptivos constituem o solo no qual a construção do conhecimento avança, possibilitando que o ser se abra a horizontes de compreensões.

Situado no mundo, o ser humano vive-com o seu entorno, compreendendo-o e compreendendo-se ao realizar as possibilidades de ser. É o corpo-próprio, ao viver a experiência, que percebe o que está à sua volta. A percepção se dá em várias perspectivas, a partir do ponto-zero que é o próprio corpo-encarnado, que sente, age e busca o sentido das coisas.

A experiência vivida não é apenas uma experiência empírica, mas aquela em que as ações são realizadas e percebidas enquanto estão sendo realizadas.

3 Ver o significado de corpo-próprio no capítulo 1.

O conhecimento do mundo se dá no movimento intencional do ser-aí,[4] que é sempre ser-no(a). Nesse sentido, como já mencionado, a percepção não é um ato abstrato, tampouco apenas subjetivo, mas, sim, o encontro entre o que se mostra, o que é visto e aquele que vê. Percebe-se por perspectivas, e a percepção avança por atos da consciência, geradores de conhecimento, presentificando-se no solo da historicidade e da temporalidade.

Sob esse ponto de vista, o ente geométrico se mostra em diferentes facetas disso que chamamos de Geometria, o contexto em que os objetos de mesma natureza preservam um estilo que se mantém e revela o que o objeto é para aquele que o percebe em unidades espaçotemporais. Essas percepções, ao serem expressas pela linguagem sustentada por uma estrutura linguística, passam a povoar a espacialidade/temporalidade intersubjetiva, de maneira que vai se mantendo historicamente como objeto.

Como exemplo, a ideia de perpendicular pode se revelar em diversas perspectivas, nas experiências em que a pessoa se dialetiza com seu entorno. Assim, ao caminhar ereto, numa dada direção, o indivíduo pode se perceber nesse movimento e, quando atento, voltar-se para essa experiência e habitar[5] o modo enquanto caminha nesse solo. Pode-se perceber disposto de uma determinada maneira para caminhar. Da mesma maneira, ao dobrar uma folha de papel ao meio, ele pode seguir atentamente os procedimentos à sua disposição para realizar essa tarefa, voltar sua atenção para o que tem em mãos, direcionar as pontas da folha uma contra a outra e vincar o papel e, ao analisar o produto de sua ação, perceber a relação entre a linha marcada e as bordas do papel. Focando a atenção nas paredes de seu quarto, pode percebê-las dispostas de certa forma recorrente e familiar. Nessas diversas experiências, a perpendicular é percebida pelo indivíduo naquilo que a ele se mostra como uma perpendicular, mantendo um estilo nesses modos de aparecer.

A compreensão se dá não pela soma das várias perspectivas pelas quais as coisas se mostram, mas na vivência dessas perspectivas, possíveis ao corpo-

4 Heidegger (2005) diz que o ser-em um mundo não é apenas estar, espacialmente, dentro dele, como uma coisa ou um objeto, mas tem o sentido de habitar, deter-se, morar. Portanto, estamos conectados ao mundo, como algo que nos é familiar, como a nossa morada. Ser-aí diz da abertura que nos permite mover-nos nesse mundo, avançando no entorno, nos horizontes de possibilidades.

5 Habitar diz respeito à familiaridade que temos com as coisas, no sentido de explorar as diversas possibilidades de compreensão, não nos restringindo apenas a seu uso como instrumental para a resolução de problemas.

-próprio. Ao se voltar para algo que intenciona e para as ações que realiza, o sujeito reconhece a si próprio, elaborando constantemente suas formas de pensar e agir e, dessa maneira, abre-se para possibilidades que surgem no horizonte de seu mundo-vida.[6]

As percepções e seus respectivos desdobramentos mantêm sua validade, apresentando o percebido como totalidade. Os significados avançam num processo de compartilhamento com os cossujeitos, estendendo-se temporal e espacialmente.

A existência do objeto geométrico não é mantida nos atos psíquicos, pois pode ser compreendida e comunicada ao outro. As experiências sensíveis de cada sujeito são individualizadas em processos espaçotemporais no mundo; são ocorrências corpóreas, mas a objetividade é possível ao compartilhar essas experiências na intersubjetividade e ao serem mantidas na objetividade permitida pela linguagem.

Comunicamos nossas vivências dos aspectos geométricos percebidos no mundo-vida. Homem, companheiro, mundo e linguagem estão entrelaçados de maneira inseparável, numa rede complexa. Na explicitação dos entendimentos entre aquele que comunica e aquele que atenta à fala, a experiência de caráter geométrico torna-se objeto da consciência, não idêntica para ambos, mas possível dada a existência de um solo histórico-cultural comum a eles. Com a continuidade e a repetição desses processos, os invariantes estruturais dos entes geométricos se revelam na construção científica e a formalização ocorre com essas estruturas.

Por exemplo, a circularidade do cilindro não é um modo de pensar o objeto, que se desdobra diante do sujeito. Ao se abandonar ao cilindro, o sujeito o explora e o vê com o olhar que o percorre e o habita, fazendo aparecer a sua forma circular. Essa forma percebida é mais do que o seu contorno geométrico, pois tem certa relação com o objeto visto, o qual se configura em seu entorno, mostrando-se em sua propriedade. A forma cilindro brota e se mantém na totalidade perceptiva, evidenciando o estilo circular desse objeto.

Para a Fenomenologia, as atividades do corpo-próprio e os atos intuitivos, dados na percepção, são o primado da construção do conhecimento (Merleau-Ponty, 1990). O indivíduo percebe a realidade nas experiências vividas e,

6 Mundo-vida está sempre no aí como horizonte pré-dado a toda e qualquer teorização. É o solo em que transcorre a vida ingenuamente vivida, isto é, sem investigações temáticas e análises efetuadas mediante a crítica radical. É sempre pressuposto por qualquer atividade teórica, ao mesmo tempo em que as estruturas da cultura científica fluem nele.

assim, essa construção é e se dá nesse mundo-vida, não sendo algo separado dele, pois o homem é, foi e está sendo no mundo com os outros.

É dessa forma que se concretiza a relação intencional homem-mundo: atentamos para algo; esse algo se mostra a nós na vivência, permitindo que a significação aconteça. Essa significação não se restringe à imediaticidade da experiência vivida, mas carrega em seu âmago vivências passadas e "projeta"[7] para as possibilidades que se abrem.

Portanto, é importante que as atividades pedagógicas dirigidas à aprendizagem da Geometria considerem vivências e valorizem o conhecimento pré-reflexivo, para que os alunos exponham e compartilhem suas experiências, raciocínios, entendimentos, conclusões e incertezas com o professor e seus colegas. Ao se manifestarem, expressando, por exemplo, o modo como os conteúdos próprios da Geometria se apresentam no seu cotidiano, o sentido do que é trabalhado se mostra e, assim, o aluno avança no processo de significação. A sala de aula passa a constituir um ambiente de reflexão e aprofundamento dos temas tratados, possibilitando a (re)construção do conhecimento.

Expondo a produção/construção pré-predicativa do conhecimento geométrico

Compreender o que é trabalhar com a Geometria na perspectiva da experiência pré-predicativa pede que se inicie a caminhada considerando, como dissemos, que nosso conhecimento de mundo é encarnado. Dá-se no corpo-próprio, que é a intencionalidade motriz que se movimenta em direção ao visado no espaço-tempo, ao estar-com. Não temos outra maneira de sentir, perceber, compreender, conhecer, senão vivendo. Nosso corpo é o ponto zero em que percebemos e compreendemos o mundo, e em que as percepções se dão em perspectivas.

Temos a possibilidade de ver uma mesma coisa de diferentes perspectivas, dependendo de onde estamos situados no mundo e, ao mesmo tempo, situamos o outro[8] com quem estamos no tempo/espaço em um só movimento do

7 Segundo Bicudo e Cappelletti (1999, p.11), "pro-jetar" é lançar à frente, atualizando-se em ações na temporalidade e na espacialidade mundanas.

8 O outro se refere ao que não é o "eu", portanto, pode se referir a pessoas, coisas e aos demais seres vivos.

olhar. Não conseguimos ver um objeto em todas as suas perspectivas possíveis ao mesmo tempo, mas não significa que não possamos estar conscientes de sua totalidade.

Por exemplo, ao olharmos um cubo, não vemos todas as suas faces ao mesmo tempo, mas a experiência do corpo-encarnado nos dá a orientação e nos permite experienciar esse objeto de várias maneiras, conforme nossas possibilidades. O cubo nos é dado na experiência perceptiva, numa conexão viva, como a que existe entre as partes do meu corpo, que formam um conjunto articulado, permitindo-me o movimento sem que eu precise pensá-lo (Merleau-Ponty, 1995, p.275).

É interessante notar que, ao pedirmos a uma criança da Educação Infantil para desenhar um cubo com o qual desenvolveu atividades manipulativas, ela o expressa com todas as faces expostas, de maneira plana, como se o estivesse carimbando no papel. O desenho efetuado é fruto das possibilidades que a criança vislumbra para expor o cubo percebido, sem ocultar nenhuma face. Ainda que, num primeiro olhar para o cubo que está em sua mão, ela veja as três faces aparentes, seu olhar abrange as outras faces que estão ocultas, intuindo a totalidade da forma cubo.

Os desenhos apresentados a seguir, por exemplo, foram efetuados por uma criança de cinco anos.

Figura 7.1
Cubo desenhado com cinco lados

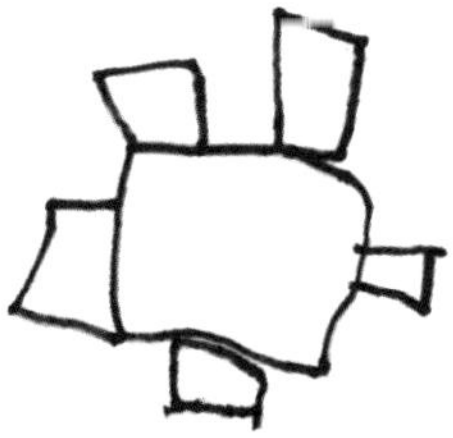

Figura 7.2
Cubo desenhado com seis lados

Pedimos a essa criança que desenhasse o cubo que estava sobre uma mesa. Ela olhou para o objeto, fez o desenho como mostra a Figura 7.1 e, com gestos, confirmou que ele se referia ao cubo. Quando solicitamos que explicasse por que, ela contou as faces que percebeu num único lance de olhar, sem considerar necessário movimentar, ou manipular, o cubo. Contou “um, dois, três, quatro e cinco” apontando para o desenho, e, da mesma forma, contou as cinco faces correspondentes no cubo, concluindo com gestos positivos sua explicação. Mas, insistindo, questionamos sobre a quantidade de faces:

"Só tem cinco?". Desconfiada, ela observou o objeto, resolveu manipulá-lo e percebeu a existência de uma face "escondida". Sem rodeios, os movimentos de suas mãos buscaram essa possibilidade embaixo do objeto. Na segunda tentativa (Figura 7.2), ela apresentou a face oculta que pôde experienciar. Para confirmar seu desenho, ela contou de novo "um, dois, três, quatro, cinco e seis" e, então, comparou com o número de faces do seu desenho.

O cubo foi dado na totalidade dos modos de ver pelos quais a criança percebeu esse ente geométrico.

Ao olhar o cubo, sabemos que suas faces ocultas estão lá. Bastaria nos movimentarmos e as veríamos, no espaço-tempo em que estamos situados. O que nos permite falar das faces não visíveis de um objeto não é uma síntese intelectual, que se refere a um conceito geométrico, mas uma síntese existencial, realizada na experiência perceptiva. É a experiência da percepção que nos põe em presença no momento em que as coisas se constituem para nós.

Se atentarmos para esse momento perceptivo em que as coisas se constituem para nós e o valorizarmos na aula de Matemática, explorando a multiplicidade dos modos de ver, o processo de construção do conhecimento geométrico volta-se para atividades de ensino que priorizem o conhecimento pré-reflexivo, e valorizem a expressão e o diálogo entre os alunos.

Consideremos a experiência com o cubo. Podemos colocar um cubo de tamanho apropriado sobre uma mesa e pedir que os alunos olhem para ele de suas carteiras. O professor deve estar atento às descrições dos alunos sobre aquilo que percebem. Palavras como "quadrado", "ponta", "canto" podem ser utilizadas, pois estão à disposição deles, no seu cotidiano. Pedindo que os alunos andem em torno do cubo disposto sobre a mesa, eles se movimentam no espaço da sala de aula e, se atentos, intencionalmente veem as partes ocultas no primeiro momento. Com o sólido nas mãos, os alunos sentem suas faces, arestas e vértices, explorando o que têm à sua disposição. Planificações e atividades com Geometria dinâmica podem ampliar a multiplicidade de maneiras de ver pelas quais podem experienciar o cubo, abrindo possibilidades de aprendizagem.

Nas atividades em que os alunos são convidados a manifestar suas opiniões sobre as ações efetuadas, há uma articulação entre pensamento e linguagem, na qual buscam explicitar sua compreensão aos outros que compartilham o mesmo espaço da sala de aula. Esse espaço não é aquele metricamente definido, mas é construído nas aproximações e distanciamentos entre os envolvidos, nos quais as disposições – espaciais e psíquicas – dos alunos se revelam. Por isso, dizemos que estão espacial e temporalmente localizados. A expressão desses modos de estar no tempo e no espaço não revela objetividades dadas a priori, mas uma construção conjunta.

As experiências vividas não são dissociadas de quem experiencia, do que é experienciado e nem do mundo em que estamos sempre com o outro. Esse é o solo onde caminhamos. É o espaço em que expomos nossos sentimentos, opiniões e concepções, e é ele que traz consigo uma história, que também é nossa, por meio da qual compartilhamos uma cultura e convivemos em termos sociais com nossos companheiros presentes, passados e futuros.

Sob esse ponto de vista, em que o conhecimento é tido como encarnado, materializado, homem-mundo sinaliza uma totalidade. É nesse mundo, entendido como mundo-vida, como horizontes de possibilidades, ou campo de nossas experiências vividas, que buscamos compreender "o modo pelo qual a compreensão da Geometria se dá para a criança".

Caminhar nessa direção significa ficarmos atentos à compreensão das crianças sobre como são os objetos geométricos, onde estão e se mostram, e sobre o que eles são (Paulo, 2001).[9] É buscar o conhecimento construído pela experiência compartilhada e os significados possibilitados por atividades que privilegiam a experiência do ser no mundo com os outros. É o conhecimento que se dá no contexto da familiaridade que temos com o que somos no mundo.

Como o ente geométrico é revela-se na experiência da profundidade, das formas, da espessura, das medidas e da orientação. É na experiência vivida que o corpo-próprio inaugura no espaço objetivo uma espacialidade inerente à própria maneira de ser do humano. Assim, espaço e tempo se constituem nas ações que atualizamos e nas ocupações que desempenhamos, pois não há outra maneira de percebermos o espaço e nos percebermos nele se não situados no mundo onde já sempre somos corpo-próprio. Mundo corpo próprio[10] é o marco referencial para as ações e é no aí que se entende o alto, o baixo, a direita, a esquerda, o perto, o longe, o pequeno, o grande e as demais relações espaciais que também explicitam como se manifestam os objetos geométricos.

9 Esta investigação foi orientada pela profa dra. Maria Aparecida Viggiani Bicudo.

10 Em obras dos filósofos que criam e escrevem textos importantes sobre Fenomenologia, essa expressão não é encontrada. Encontra-se "homem-mundo", por exemplo. Entretanto, neste texto ousamos falar de mundo corpo próprio ao entender que corpo-próprio é uma totalidade e faz a grande síntese existencial, encarnada, da dimensão tempo-espaço.

Alguns exemplos dessas relações espaciais são apresentados por Detoni (2000).[11] Numa atividade denominada pelo pesquisador de barbante, que envolvia o uso de um pedaço de barbante de cerca de 7 metros, três alunos deveriam segurar suas pontas e seu meio, esticando-o o máximo possível, buscando alinhamento. As crianças que estavam nas pontas trabalhavam seu corpo com movimentos, buscando possibilitar o alinhamento. Um dos grupos investiu na tentativa de se disporem de maneira que dois ficassem mais próximos e o terceiro mais distante, notando que, para estarem na mesma reta, não necessitavam de distâncias iguais entre si. Nessa atividade, eles compreenderam existencialmente que as extremidades eram suficientes para determinar o esticamento e que o aluno do meio seria um desestabilizador do retilíneo, devendo se ajustar para promover a colinearidade. O problema do esticamento do barbante fez com que as crianças percebessem a espacialização de dois e três corpos, entendendo que dois conseguem se alinhar, mas três nem sempre.

Em outra atividade, com um barbante de cerca de 8 metros de comprimento e extremidades unidas por um nó, três crianças deveriam "entrar" no barbante e, com atitude poligonal,[12] buscar definir lados ao se posicionarem como polos, ou, geometricamente dizendo, como vértices. As crianças se movimentavam com a sintonia de quem buscava empreender algo já projetado, e manifestaram a compreensão do empreendido: era um triângulo. O pesquisador pediu que uma quarta criança se juntasse às demais e perguntou o que tinha acontecido. Novos movimentos foram realizados e um dos componentes afirmou: "está ficando mais bola". Ou seja, se o número de crianças aumentasse, iria acontecer uma aproximação com a forma de uma circunferência.

Retirando o quarto membro do grupo, foi solicitado que os três alunos, de cada equipe, fizessem um triângulo mais "certinho", sem especificar o sentido dessa palavra. A tarefa envolveu movimentos e ações em que os corpos interagiam para buscar maior regularidade entre as distâncias com o colega. O triângulo era a forma procurada e a regularidade dos lados era dada pela espacialização dos corpos. Ao propor que a quarta criança retornasse e se situasse

---

11 As atividades citadas foram realizadas em uma turma do antigo pré II, de uma escola de Educação Infantil. A apresentação integral encontra-se nas páginas 84 e 95 a 106. Essa investigação foi orientada pela profa dra. Maria Aparecida Viggiani Bicudo.

12 Atitude poligonal refere-se ao modo como as crianças realizaram a atividade proposta, esticando o barbante o máximo possível para formar as figuras geométricas. Considerando o barbante fechado nas extremidades, a distância entre elas representaria uma linha reta e a figura se aproximaria de um polígono. Assim, assumir uma "atitude poligonal" seria esticar o barbante para ter a aparência de uma linha reta ao buscar a formação das figuras.

no meio do triângulo, ela se movimentou entre as demais, que a auxiliaram até achar o centro, entendido como um ponto equidistante dos três colegas.

Ao solicitar que formassem qualquer tipo de triângulo, os alunos não hesitaram em brincar com as possibilidades, movimentando-se livremente, sem se sentirem limitados pelo contorno do barbante. Cada novo triângulo encontrado era resultado de um conjunto de movimentos de todos, e as diferentes formas exigiam as mesmas quantidades de barbante.

As atividades apresentadas nos mostram que a espacialidade, como proximidade ou distanciamento, pode ser abordada em várias situações e envolve o entorno onde ocorrem, bem como os cossujeitos. As noções geométricas abordadas nas atividades não são avaliações e interpretações subjetivas, mas mostram aquilo de mais real do mundo que as crianças trazem para a sala de aula, diferente de medições objetivas que encobrem essa espacialidade própria do ser humano. Assim, a espacialidade do ser humano não é mera posição estática num espaço, mas é abertura na qual ele se instala nesse espaço.

Da mesma maneira, a temporalidade, ou as formas de o ser humano estar no tempo, não são desvinculadas de seu entorno. Por exemplo, quando a criança se refere a um determinado tempo para realizar uma ação, esse tempo, que é uma medição, não necessariamente tem o valor absoluto da medida-padrão do tempo. Essa situação pode ser ilustrada por nós mesmos, quando, numa rodovia, vemos uma placa indicando determinado tempo para se chegar a determinado lugar. Não significa que todos consigam cumprir tal trajetória no intervalo de tempo dado. O tempo aqui mencionado é interpretado segundo as condições físicas e os fatos a que estamos expostos.

Numa atividade apresentada por Paulo (2001, p.74-84), a espacialidade e a temporalidade das crianças no ambiente da sala de aula ganharam destaque. A professora distribuiu para cada aluno três figuras geométricas feitas em papel e perguntou se algum deles sabia o nome das figuras. De pronto teve por resposta "é um quadrado". Ao continuar questionando sobre essa forma geométrica, procurou saber por que a classificavam como quadrado. De novo, uma resposta que revelou certeza pelo tom de voz foi: "Porque ela tem quatro lados iguais, quatro vértices e é fininha".

Quando a professora perguntou se aqueles quadrados eram iguais, as crianças afirmaram que sim e justificaram suas afirmações dizendo que todas as figuras tinham os quatro lados iguais. Insistindo, a professora voltou à questão: "Como é que eu sei que eles são do mesmo tamanho?" Uma das crianças sobrepôs dois quadrados, comparando-os, para mostrar que as medidas eram iguais: "Elas têm a mesma grossura, a mesma medida... e o mesmo tamanho", disse.

Na sequência, foi proposto dobrar um dos quadrados de forma a conseguir quatro triângulos iguais, ou seja, de mesmo tamanho. No movimento empreendido pelo corpo-próprio na ação a ser realizada, depois de algumas tentativas, os alunos expressaram-se verbalmente sobre cada passo necessário para marcar as dobras. Um deles explicou: "Primeiro eu dobrei ele, aí eu juntei as pontas dele, dobrei ele certinho, ponta com ponta... depois dobrei...". Hesitou, mas afirmou ter encontrado nesse momento um triângulo. O professor da classe interferiu e perguntou: "Quantos?" Insegura, a criança respondeu em voz baixa: "Dois". De novo, foi levada a observar seu resultado intermediário para falar sobre os tamanhos dos triângulos. Então, com segurança, afirmou que eram do mesmo tamanho, pois tinha medido ponta com ponta do quadrado e dobrado ao meio, ficando assim sobrepostos os dois triângulos. Ela foi dobrando e mostrando o que tinha feito. Depois, abriu a folha e mostrou aos colegas as quatro figuras geométricas, alegando serem de mesmo tamanho, devido à técnica utilizada da sobreposição: "Quando eu dobrei, eu juntei as pontas e deu o mesmo tamanho".

É possível ver que, em atividades que envolvem medir, as crianças o fazem por comparação, sobrepondo algo que estabelecem como padrão ou referência. O ato de medir se dá por aproximação e é entendido como sinônimo de comparar. As figuras são consideradas do mesmo tamanho quando podem ser sobrepostas. Ao dobrar uma folha em formato de um quadrado pela diagonal, as crianças sabem que os triângulos formados são iguais, pois ficam posicionados um sobre o outro, sem sobrar nem faltar papel. Portanto, as diferenças ou igualdades são dadas por sobreposição.

Podemos também vislumbrar os modos de a criança entender os objetos com os quais desenvolveu as atividades expostas. Com os quadrados, por exemplo, iniciou-se uma discussão sobre figura plana e não plana, com questões, como: "Por que quadrado e não cubo?" Um aluno disse que o quadrado apresentado não era um cubo porque ele era "fininho", afirmando que o cubo se parecia mais com ele, o aluno, pois ambos eram "gordinhos". Sincronizando a voz com os gestos, explicou melhor, girando o corpo e afastando-se de maneira lenta até sair a palavra "levantado" para completar o que quisera dizer com "gordinho". As crianças afirmaram ainda a necessidade de seis quadrados para fazer um cubo. Um aluno explicou essa situação deixando a mão esquerda parada com a palma voltada para cima, como se estivesse apoiando algo e, levantando a outra, girou de forma a mostrar a localização das demais faces do cubo (Figura 7.3).

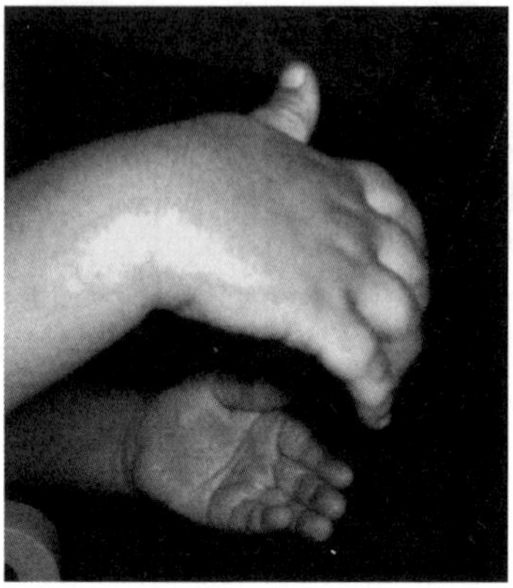

Figura 7.3

Para explicar o que seria uma figura plana, várias crianças responderam batendo as mãos para indicar que ela é "achatada", portanto, fina. Disseram, também, que "ela tem três lados, quatro lados, nove lados...". Um aluno recordou uma atividade em que discutiram a quantidade de lados de figuras planas, e lembrou que havia falado da possibilidade de a figura não ter lados nem pontas. Exemplificou essa afirmação com um gesto circular do dedo que desenhou no ar um círculo. Assim, desde que a figura seja "achatada", fina, acreditam ter uma figura plana, pois a palavra "fininha", a entonação dada e os gestos utilizados foram suficientes para desprezar a espessura. Tomando de uma esfera de madeira, uma das crianças recorreu à professora indicando ter ali um sólido, pois aquele objeto não era achatado. Esse fato serviu para reforçar a ideia de que a figura plana é fininha e o sólido é grosso.

Continuando a atividade, a pesquisadora foi ao quadro, fez um traço grosso com um giz deitado e questionou se é um sólido. As crianças sacudiram negativamente a cabeça e disseram que, "para ser sólido, precisava ser grosso de outro modo, formado por figuras, grosso para todos os lados". O desenho feito no quadro para elas era achatado, por isso não era sólido. A esfera que o colega tinha mostrado antes era um exemplo de algo gordinho, cheio de madeira por dentro, afirmaram.

As crianças explicam os objetos geométricos como elas os veem, conforme o envolvimento que estabelecem com o mundo. Identificam um sólido geométrico como gordinho, levantado, formado por figuras. Um plano, como algo muito fino, chato, que não tem espessura. Assim, distinguem os atributos de um ente geométrico pelos comportamentos comuns que os caracterizam.

Em outra atividade realizada na pesquisa de Paulo (2001, p.120-7), as relações espaciais de diferentes objetos geométricos se evidenciaram. Foi disponibilizado aos alunos um conjunto de sólidos geométricos e algumas figuras planas feitas de cartolina. O professor iniciou a aula perguntando: "Que tipos de figuras estão na mesa?"

De novo as características achatadas e gordinhas foram destacadas nas figuras planas e nos sólidos geométricos. Nesse movimento, as crianças apontaram outras qualidades dos sólidos, diferenciando-os por algum atributo, separando as figuras por "famílias".

Trabalhando apenas com os sólidos geométricos, um grupo foi convidado a explicar como tinham feito a separação dos objetos. Com um cilindro na mão, uma das crianças desse grupo indicou, como primeira característica, que o objeto rola e, como segunda, ao colocar vários círculos, uns sobre os outros, que é formado por camadas. Outro aluno falou, também, que é possível enrolar uma folha de papel para formar o cilindro e fechar os buracos das pontas com dois círculos recortados em papel. Foi perguntado às crianças se essa técnica de compor o objeto por camadas seria válida para outros sólidos. Elas concluíram que não dá certo, por exemplo, para a esfera.

Nas manifestações das crianças, podemos compreender que as formas são percepções sobre maneiras de uma figura aparecer. Para as crianças, as figuras podem ser retas, arredondadas, curtas, compridas, finas, grossas, grandes, pequenas, entre outras modalidades, mas sua forma é evidenciada nas situações vividas e não nos conceitos clássicos da Geometria. A distinção entre esses objetos geométricos é sentida corporeamente. Pelo toque e pela análise visual, as crianças exploram os objetos selecionados e expõem o que foi percebido por elas.

As palavras que designam as formas geométricas são conhecidas, pois são trabalhadas de maneira informal no dia a dia: em casa, nas creches, nos brinquedos e brincadeiras. Assim, as crianças utilizam termos conhecidos para denominar qualidades de entes geométricos e consideram que a fala de nomes, como quadrado ou triângulo, já dá conta de todas as propriedades da figura, como se o nome já carregasse as características formais que ela tem, sendo autossuficiente para abordar suas qualidades.

Porém, o envolvimento das crianças leva-as a outras expressões quando o nome, apenas, não diz nada. Se retornarmos à questão da mensuração, podemos questionar onde essa extensão, ou seja, essa medida, está presente.

Modos de se referir a perto, longe, aqui, lá, ali, grande, pequeno são expressões que não apontam as mesmas características de uma mensuração cartesiana, numericamente exata. As distâncias dependem da perspectiva pela qual o corpo-próprio olha e de como o que se mostra é visto, contextualizado na situação real e vivida no momento em que está sendo medido, ou seja, em que o objeto geométrico se mostra como presença, como algo que está lá, de maneira significativa para aquele que se mantém aberto, que busca possibilidades de compreensão.

Vejamos as expressões das crianças na atividade "pátio", assim denominada por Detoni (2000, p.85-6 e 138-143). Foram feitos, no chão do pátio da escola e sob os olhares das crianças, os desenhos de sete circunferências de cerca de 35 centímetros de raio. Elas seriam os vértices de um heptágono regular que se inscreveria numa circunferência de 3,5 metros de raio. Desenhou-se outra circunferência no centro e mais duas, diametralmente opostas, fora do heptágono e a uns 5 metros do centro. O pesquisador pediu que as dez crianças da turma se situassem separadamente em cada uma das circunferências – as quais foram denominadas pelos alunos de "tocas". Em seguida, ele perguntou: "Qual toquinha é diferente?" Cada criança destacou a sua como diferente, mesmo tendo presenciado a realização dos desenhos no chão. Mas, após girarem o corpo e observarem cada colega, a partir de um ângulo de visão que privilegiou o lugar onde elas estavam, deu-se a percepção do ambiente ocupado por todos, bem como do ambiente de todos.

Ao falarem das diferenças, estabeleceram, primeiro, o tamanho da toca. Observando a circunferência que estava sob seus pés, como uma maneira de medir por meio de comparação, afirmaram que a "sua" era a maior. O pesquisador instigou os alunos perguntando: "Tem uma pessoa que está numa posição bem diferente das outras?" As respostas foram procuradas por eles ao olharem à sua volta, cada um mantendo-se no centro da sua circunferência. Seguindo a exploração do corpo-próprio, situado no ambiente da atividade, uma aluna expressou a grandeza de sua toca girando o corpo com os braços, confirmando que era a maior. Enquanto isso, outra saiu da sua posição para observar a centralidade do conjunto, superando a própria perspectiva, e indicou uma colega como o centro geométrico do esquema traçado no pátio. Apesar de todas as figuras serem iguais, e de tal fato já estar claro nesse momento, houve o destaque à colega situada no centro de uma figura que estava posicionada no centro de tudo e a diferenciação chega ao dimensionamento interposicional.

Na atividade descrita, podemos notar que cada criança utiliza o "aqui" para falar de si, de onde estavam, reforçando-o com a ação de apontar o dedo durante a fala, para auxiliar na explicação. Considerando-se como ponto de partida das observações, cada criança avançou para a compreensão de uma forma que todos constituíram em torno da aluna que estava na posição central, agora do ponto de vista de todos.

A caracterização do "aqui" individual e da posição de todos, a partir do "meu aqui", mostra que há um envolvimento lado a lado que cada um compõe com os colegas. Estar ao lado de alguém quer dizer não estar isolado, no centro. Dessa maneira, caracterizam as distâncias entre os companheiros que estão nos lados para a formação de uma figura.

O corpo-próprio é o ponto zero de cada criança. Nele, as distâncias são mostradas pelos braços esticados, quando tentam se tocar com as pontas dos dedos e ocupar o espaço entre si e o outro, sem mensurar nada.

Ao serem questionadas sobre a distância com relação aos colegas que estavam no lado oposto, primeiro esticaram os braços e verificaram não ser possível dar as mãos. As possibilidades viabilizadas pela ação de esticar os braços trouxeram consigo o sentido para o "perto" e o "longe". Estar perto é poder tocar, estar longe é não poder realizar isso, e estar junto requer estar lado a lado na circunvizinhança.

A atividade de todos darem as mãos possibilita preencher os espaços vazios entre cada criança, abrangendo todas as distâncias envolvidas no desenho. Assim, percorrer todas as distâncias requer ajuda mútua para que se possa ir desde o perto até o longe.

Ao se envolverem com a tarefa de verificar quem era a pessoa mais distante de determinado colega, um aluno mediu, a princípio, a distância pela quantidade de passos. Depois realizou medição entre outro colega, com o mesmo método, e obteve o mesmo resultado. Essa igualdade não o satisfez, pois talvez tenha estimado a maior ou a menor distância pelo que tinha percebido desde o começo da atividade. Diante da insatisfação declarada pelos alunos, o pesquisador passou a medir as duas distâncias usando seus pés e, com essa metodologia, mostrou que os resultados não eram os mesmos.

A efetividade de medir com os pés ou dar as mãos era a mesma, apenas o vazio existente entre os passos é que não foi satisfatório para medição. As crianças compreendem a diferença entre os métodos, a validade de cada um, mas a compreensão do que significa medir não se altera com a troca dos instrumentos.

Embora as representações apresentadas na atividade "pátio" fossem iguais, podemos ver que cada um distingue sua referência espacial com base no corpo-situado e não em uma coordenação analítica. Cada criança se vê como polo das demais, e a regularidade apresentada nas estruturas desenhadas é objeto de medição. As distâncias são medidas utilizando-se parte do corpo e, mesmo com resultados distintos quando são usados os braços ou os pés, a mudança de método ou instrumento não afeta a validade das distâncias obtidas, pois ambos são efetivos para os propósitos a que se destinam. Nesse caso, as medidas são sentidas ou percebidas por aquele que experiencia, revelando as dimensões do vivido.

A orientação espacial se dá pelo ser-com, como presença, e não por algum sistema-padrão de coordenadas. A criança se situa e utiliza o "aqui" para explicitar que este é o lugar onde ela está. Essa posição é importante por ser referência para mostrar o "ali", que é onde está o outro com quem ela está no mundo. O aqui e o ali são percebidos no sentido dimensional, mesmo que a criança não tenha o conhecimento clássico de dimensão. O corpo-situado dá a direção como medida de orientação.

O ente geométrico medida emerge no movimento do conhecimento de como ele é, e de onde está expressando a experiência vivida. Quando são convidadas a vivenciar situações que envolvam os entes geométricos e a manifestar sua compreensão sobre eles, as crianças o fazem pelos meios à sua disposição. Utilizam palavras comuns em seu cotidiano e gestos para complementar o que as palavras não dão conta.

São falas, ações, movimentos e silêncios que mostram as formas pelas quais o conhecimento pré-predicativo se expressa, apontando possibilidades de uma aprendizagem na qual os envolvidos coparticipam na busca de preencher de sentido as ideias trabalhadas, atentos ao outro, companheiro que também sente e se comunica.

Recordemos a atividade "barbante" (Detoni, 2000, p.84 e 95-106), descrita antes, quando os alunos deveriam formar triângulos com base no movimento de seus corpos em torno de certa quantidade de barbante. Ao terminar essa atividade, o pesquisador desenhou na lousa o modelo de triângulo encontrado por último e, com a ajuda das crianças, fez o desenho dos triângulos encontrados em cada grupo. A ação de desenhar já indica mudança de ambiente de trabalho, alteração da forma de diálogo e do material utilizado, mas toda trajetória está imersa na atividade que possibilita a identificação dos elementos gráficos com as formas realizadas. Portanto, o desenho é a compreensão de tudo que aconteceu e dos conhecimentos construídos na experiência vivida das formas geométricas.

Ao se expressar sobre o ente geométrico, a criança comunica os atributos que compreende pela percepção e não por pensar a partir de conceitos decorrentes de quadros teóricos e científicos. O nome de uma figura geométrica, ao ser falado para explicar as características dos sólidos, por exemplo, não traz consigo as definições clássicas da Geometria. No entanto, a criança, nesse campo cultural em que está imersa, compreende o triângulo, o quadrado e outros polígonos, e os expressa por meio da linguagem disponível a elas. Mesmo sem o conhecimento das propriedades matemáticas que cada palavra contém, a criança a utiliza para expressar seu entendimento em momentos distintos das atividades propostas.

Por exemplo (Paulo, 2001, p.142-9), diante da pergunta "Quem sabe o que é comprimento?", um aluno comentou que já tinha ouvido falar e que comprimento "é algo que pode ser medido com fita métrica ou com algum material". Ele foi até o quadro de giz e passou a mão na sua lateral, indicando que ali havia um comprimento. Pegou o apagador e começou a compará-lo com a lateral da lousa, contando quantas vezes caberia naquele intervalo. Outro aluno se deslocou até a porta e deslizou a mão nas suas laterais. Nessas manifestações podemos encontrar um sentido existencial de comprimento.

Uma criança respondeu: "Comprimento é um tamanho". Ao serem questionadas sobre se comprimento é qualquer tipo de tamanho, algumas disseram que sim e outras que não. Tentando trabalhar com esse impasse, a pesquisadora passou a mão aberta na lousa e perguntou à aluna que havia dito que comprimento é tamanho se aquele tamanho era comprimento. A menina respondeu que sim, mas a turma protestou. Um aluno interferiu, propondo-se explicar que os tamanhos da lousa e da lateral eram diferentes. Passando as mãos abertas na lousa, afirmou que ela é muito grande e que o comprimento não é grande do mesmo jeito. Outro aluno ajudou, passando a mão na lousa e dizendo: "Aqui tem algo dentro". Na lateral passou apenas o dedo na parte inferior da lousa, dizendo: "Não tem dentro". Outro colega sacudiu a cabeça, concordando com o que tinha sido dito, e reforçou abrindo os braços na horizontal, afirmando que "comprimento tem que ser assim, só uma largura".

Nas atividades realizadas, as crianças perceberam as questões sobre dimensão. Ao observarem um quadro de giz, valeram-se de palavras como "largura" para dizer que a superfície da lousa não corresponde apenas a um comprimento, ao mesmo tempo em que afirmaram ser o comprimento apenas um modo de "largura". Assim, com gestos, deixaram claro o que entendem por comprimento e a correspondência entre largura e o sentido do unidimensional.

É no ser-sendo que a criança expressa o vivido. As pesquisas mostram que as palavras utilizadas pelas crianças não carregam significados por conta própria. Ao contrário, é dos significados atribuídos aos objetos que ressurgem as palavras, dando o sentido de totalidade ao percebido e expresso. A palavra não é o marco inicial nem final de seu discurso, pois ela é fundada na vivência e na ação. O que assim vai se mostrando já expressa a manutenção das perspectivas pela qual se vê.

Esse é o movimento em que há possibilidade e até uma solicitação de avançar-se em direção ao conhecimento predicativo, isto é, de trabalharem-se atividades que criem situações para a efetivação de um salto de "teorização". Quer dizer que os perfis percebidos, já expressos e apresentados aos cossujeitos, colegas participantes, nesse caso, das atividades encontram maneiras para mostrar o que têm em comum, aquilo que chamamos "invariantes".

É no ser, estar e vir a ser do homem no mundo que se dão a espacialidade e a temporalidade, como modos de estar no espaço e no tempo em meio às disposições, humores, movimentos e ações do corpo-próprio, e que só são possíveis junto com os outros com os quais nos colocamos em situação de diálogo e empatia.

Possibilidades de ensinar Geometria sob uma atitude fenomenológica

Trabalhar segundo uma atitude fenomenológica no ensino de Geometria solicita um olhar atento às experiências geométricas vividas no mundo, que se dão no nível pré-predicativo. Não se trata de desconsiderar o conhecimento científico, mas de caminhar na sua direção, avançando nas possibilidades que se abrem ao aluno, nas várias etapas de sua aprendizagem escolar. Para a Fenomenologia, o conhecimento pré-predicativo é o solo fértil para a construção do conhecimento formal.

Nossas experiências mundanas se movem em meio às tradições que nos são legadas pelas gerações passadas e projetadas constantemente. Mas todo conhecimento, inclusive o científico, surge no espaço das atividades mundanas. Portanto, esse espaço não pode ser desconsiderado no ato de ensinar.

O conhecimento pré-predicativo, ou pré-reflexivo, está sedimentado nas experiências vividas que dão a sustentação à compreensão do teórico. Podemos entender o conhecimento científico como uma segunda linguagem do mundo ou como um conhecimento de segundo nível, como diz Merleau-Ponty.

É no mundo-vida que temos à nossa disposição maneiras de conhecer. É importante para o professor ter clareza de que os objetos geométricos estudados na escola não se resumem às inferências teóricas e a suas respectivas aplicações práticas, mas, antes, permitem uma ação que abre possibilidades para esses entes serem percebidos e, nesse caminhar, apresentem um estilo revelador de sentido para aquilo que é ensinado no ambiente escolar. Assim, o pré-predicativo é um nível de conhecimento em que a experiência sensorial, origem de sua constituição, pode dar-se para o sujeito.

Trabalhar com atividades que viabilizem experiências em nível pré-predicativo na escola torna possível formalizar a origem da constituição do conhecimento geométrico que pode dar-se na esfera da subjetividade do aluno. Avançar com os desdobramentos dessas compreensões permite que se trabalhe o continuum entre conhecimento pré-predicativo e predicativo, de modo que fiquem nítidas as passagens de um nível ao outro, ou de um referencial ao outro.

Enfocar o conhecimento pré-predicativo possibilita diminuir o abismo existente entre o conhecimento formal e o conhecimento vivido pelos alunos, pois essa dicotomia pode gerar a ideia de dois mundos distintos: um vivido no ambiente escolar e outro fora da instituição de ensino.

Numa abordagem fenomenológica, as ações buscam possibilitar um terreno propício à reflexão e à discussão, para que se possam constituir novas ações na construção do conhecimento geométrico que favoreçam a passagem do pré-reflexivo para o reflexivo. É importante que o professor conheça os entes matemáticos com os quais trabalha com seus alunos, para que possa criar uma atmosfera em que o encontro aluno-geometria aconteça.

Capítulo 8

O significado dos diagramas na produção do conhecimento geométrico

Rosa Monteiro Paulo

Ensino de Geometria: o que se tem perguntado?

São muitos os autores[1] que, há mais de três décadas, vêm discutindo as consequências para a aprendizagem da Matemática geradas pelo abandono do ensino da Geometria no Brasil. Também são vários os motivos alegados pelos quais esse abandono se deu. Pode-se também dizer que, desde o final dos anos 70, vê-se uma crescente preocupação de educadores matemáticos com a recuperação do ensino de Geometria.

Em 1995, na conferência intitulada Perspectivas para o Ensino de Geometria no Século XXI – realizada na Catânia (Sicília, Itália) –, fizeram-se várias recomendações sobre o que ensinar de Geometria e como ensinar, pautando-se as discussões sobre o que é o pensamento geométrico e como esse pensamento se dá. Muitas dessas recomendações foram adotadas nos Parâmetros Curriculares Nacionais (PCN) (Brasil, MEC/SEF, 1997).

1 Hershkowitz e Vinner (1983); Pavanello (1993); Peres (1991); Usiskin (1994); Lorenzatto (1995); Gravina (1996), entre outros.

Nesses documentos, bem como na maioria dos textos que discutem o ensino de Geometria, há uma recomendação metodológica que defende esse ensino a partir da experiência com objetos físicos. Essa recomendação se baseia na crença de que as generalizações podem ser favorecidas pelo raciocínio intuitivo e que a utilização de planificações, cortes, representações, medidas e construções de figuras são recursos que auxiliam o desenvolvimento do pensar geométrico.

Esse modo de proceder revela uma maneira de conceber a construção do conhecimento geométrico que traz implícita a forma como essa construção se dá. Entretanto, em nosso entender, ao privilegiar os aspectos intuitivos (a manipulação de objetos físicos ou desenhos) sem discutirmos a concepção que os embasa, estamos correndo o risco de que o professor interprete a construção do conhecimento geométrico com base nos aspectos métricos e de reconhecimento de figuras, desprezando a questão central relativa à gênese do próprio conhecimento. No caso da Geometria, o que é o conhecimento geométrico.

Cooney (1996) alerta para o fato de que a crença do professor sobre a Matemática, ou sua concepção acerca dessa ciência, relaciona-se integralmente à qualidade do que ensina em sala de aula. Isto é, o contexto que cria possibilidades ao mesmo tempo impõe limites à prática pedagógica.

Os saberes manifestos pelo professor, na ação reflexiva da sala de aula, vão sendo (res)significados e a qualidade da sua aula, ou o modo como ele vê a construção do conhecimento matemático, vai impregnando a sua ação e direcionando suas decisões. Portanto, responder à pergunta "o que é o conhecimento geométrico?" não é uma tarefa que exige um simples olhar para o que está posto, mas requer uma interrogação e uma natureza investigativa que revelem os processos pelos quais é possível ensinar e aprender Geometria. Ou seja, trata-se de uma questão que deve considerar aspectos ontológicos e epistemológicos, e que ainda tem sido pouco discutida por educadores matemáticos. Alguns autores têm se dedicado ao estudo da visualização e da representação em Geometria; outros à natureza dos conceitos geométricos – se intuitivos ou dedutivos; e outros, ainda, às questões pedagógicas.

Neste texto optamos pela questão epistemológica, visando discutir a maneira como histórica e filosoficamente a questão do que hoje é considerado representação, dada pelo uso de esquemas, gráficos ou figuras, se fez presente na construção do conhecimento matemático.

Iniciamos a discussão buscando explicitar o que são diagramas.

O sentido da palavra "diagrama"

Netz (1999) faz um estudo sobre as palavras "figura" e "diagrama", mostrando que não há apenas uma mudança de nomenclatura entre elas, uma vez que revelam concepções diferentes ao longo da História e da Filosofia da Matemática.

Netz explica que a palavra "diagrama" deriva do grego *diagramma* cujo principal significado é "figuras marcadas por linhas". Os gregos, conhecidos em termos históricos pela excelência nos estudos da Geometria, usavam os diagramas em diferentes contextos e com diferentes sentidos.

Platão, por exemplo, usava com frequência o termo diagramma como prestígio para provas matemáticas ou para acompanhar o rigor matemático que os gregos exigiam na escrita de seus textos.

Aristóteles usava os *diagrammata* (o plural de *diagramma*) praticamente como sinônimos de Matemática ou de "uma proposição matemática".

Sócrates não usava com seus jovens alunos de Geometria os ininteligíveis *diagrammata*. Com isso, podemos pensar que seriam muito mais do que hoje entendemos por diagramas, não raro significando figuras ou desenhos ilustrativos.

A palavra *diagramma*, segundo Netz, nunca era usada pelos gregos no sentido de *diagram* (figura). Quando queriam enfatizar que as proposições estavam relacionadas a *diagram* (figuras), caracterizavam-nas por *dia grammõn*, por meio de linhas, em oposição à outra opção *di arithmõn*, por meio de números.

Esse autor diz que Pappus usa *diagramma* como um simples equivalente da nossa proposição. Em alguns casos, quando se referia ao *diagram* (figura) na proposição, usava *hupographe*, derivado da palavra *Katagraphe*, mais bem traduzida por "desenhado". No entanto, nenhuma dessas palavras tem o sentido de diagrama tal qual os gregos a utilizavam. A palavra diagrama era reservada para significar "aquilo que uma proposição é". *Diagramma* era, para os gregos (de cerca de 400 a.C.), um metônimo de proposição. Isto é tão forte que, quando nesse contexto da Geometria grega queremos fazer uma referência ao diagrama que não a proposição, temos de usar um outro termo mais específico. Com base nisso, Netz conclui que existem asserções da Matemática grega diretamente deduzidas do diagrama, revelando uma forte interdependência entre texto e diagrama

Essa interdependência se revela de alguns modos. O mais importante é o que o autor caracteriza como fixação de referência, para indicar que as letras (alfa, beta, gama etc.) são usadas no texto para descrever objetos, e o são de tal forma, que o texto pode ser reconstruído com base no diagrama. Ou seja, se temos um diagrama acompanhado por letras ou escrito com letras, elas nos permitem compreender e refazer a ordem da sua construção. No entanto, o inverso não é verdadeiro, isto é, apenas pelo texto não se pode traçar o diagrama. Essas afirmações nos põem diante de um panorama em que os diagramas não são simples figuras ou ilustrações, mas modos de expressão que podem ser compreendidos e interpretados e exigem análise. Para compreender esse fato, vamos seguir um exemplo dado por Netz.

Suponha que você diz: "Aqui está desenhado um círculo cujo centro é A".

Essa afirmação não gera nenhuma dúvida. A está especificado, uma vez que um círculo tem um único centro.

No entanto, vamos supor uma segunda situação em que se diga: "Seja desenhado um círculo em que o raio é BC".

Há uma ambiguidade nessa afirmação. Podemos construir a Figura 8.2 ou a Figura 8.3.

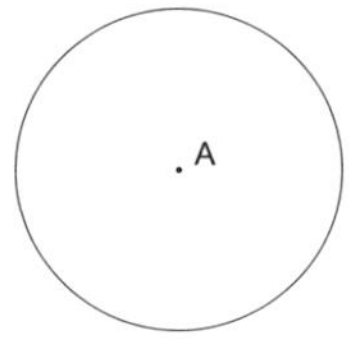

Figura 8.1

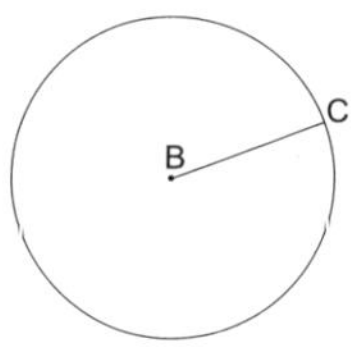

Figura 8.2

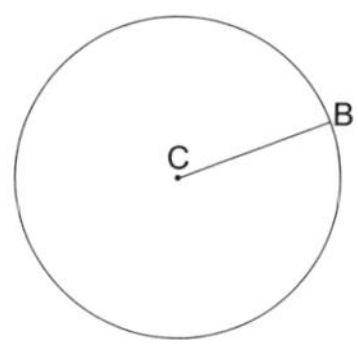

Figura 8.3

A ambiguidade surge porque o centro da figura não está especificado. Seria ele B ou C? Mas, o que se perde ao não ter especificado o centro como B ou como C, uma vez que, dado o raio (BC), sabe-se que os círculos são congruentes?

Se considerarmos como uma proposta para a prova o que Netz chama de "especificação", compreendemos que conhecer o raio não nos é útil, uma vez que não se pode determinar qual dos pontos é o centro e qual deles pertence ao círculo. Assim, o autor argumenta que a não especificação se refere a asserções que não nos permitem sequer reconstruir a figura tal qual ela foi pensada pelo matemático. E isso, para Netz, pode ser visto em muitas situações da Geometria grega antiga. Ou seja, nem sempre somos capazes de reconstruir o diagrama pelo texto. E por que algo assim se dá? Porque, afirma Netz, o matemático, ao escrever o texto, já tinha o diagrama pronto. Ou seja, o matemático, ao discutir ou trabalhar o diagrama, já o tinha por certo. Diagrama e texto não eram considerados de maneira isolada na Matemática grega da Antiguidade.

Consideremos outro exemplo, agora dos *Elementos* de Euclides.[2]

Proposição I – Problema I (Livro I de Euclides)

Sobre uma linha reta determinada, descrever um triângulo equilátero.

"Seja a linha reta AB de certo comprimento. Sobre ela, deve-se descrever um triângulo equilátero."

Para realizar essa tarefa, Euclides descreveu os passos e procurou justificá-los com base em postulados e definições. Vejamos o que foi feito.

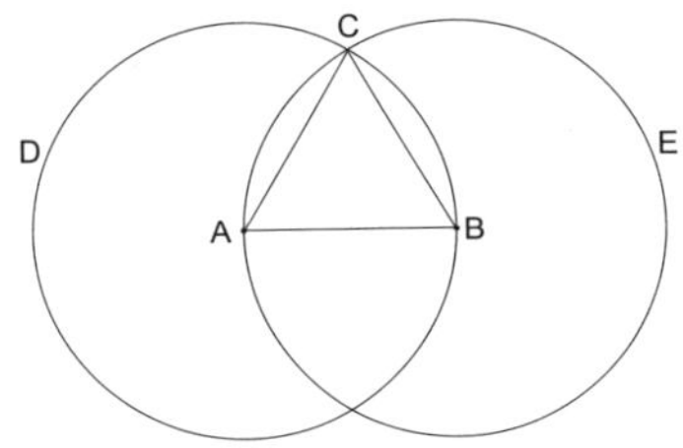

Figura 8.4

"Com centro em A e com intervalo AB, descreve-se (Postulado 3) o círculo BCD; e, com o centro em B e com o intervalo BA, descreva-se o círculo ACE. Do ponto C, onde os círculos se cortam reciprocamente, tirem-se (Postulado 1) para os pontos A, B, as retas CA, CB. O triângulo ABC será equilátero. Sendo o ponto A o centro do círculo BCD, será AC = AB (Definição 15). E, sendo o ponto B o centro do círculo CAE, será BC = BA. Mas vimos que CA = AB. Logo, tanto CA, como CB, são iguais a AB."

Pode-se ver que a frase destacada ("onde os círculos se cortam reciprocamente") não é justificada por nenhum postulado ou definição. É possível então questionar: o que garante que os círculos se encontrem? Talvez a resposta seja: o diagrama.

O encontro dos círculos é uma "evidência dada na figura".

Esses são os indícios da interdependência entre texto e diagrama que levam os atuais pesquisadores da Matemática grega a acreditarem que há, na produção matemática, uma possibilidade de a evidência perceptível, dada no diagrama, auxiliar na compreensão matemática e até mesmo levá-los a crer que, ao ser redigido o texto matemático, o diagrama já era dado. Ou seja, o diagrama era anterior ao texto. O matemático fazia o diagrama como

2 Euclides viveu em Alexandria, no Egito, em torno de 300 a.C. Sua obra *Os elementos* – em 13 volumes – é uma sistematização de grande parte do conhecimento geométrico da época. *Os elementos*, segundo Tomei (2003), é, depois da *Bíblia*, o livro mais publicado, lido e comentado no mundo ocidental.

uma espécie de investigação de hipóteses e, após compreendê-lo, redigia o texto. Por isso é que, dado o diagrama, pode-se reconstruir o texto e, se ele foi construído para possibilitar a investigação, a sua (re)construção permite (re)construir o caminho do pensar matemático.

Muito embora se saiba, da História da Matemática, que os gregos eram excelentes geômetras e, em relação à escrita dos textos, que buscavam clareza e organização lógica, o que Netz nos diz sobre os diagramas serem metônimos de proposições nos leva a crer que, para o matemático grego antigo, diagramas não eram ilustrações. Era o que descrevia o pensar, procurando um meio de explicitá-lo.

Entretanto, seria esse um privilégio da Geometria grega? A literatura mostra que, ao sair desse contexto, encontra-se a utilização de diagramas com sentidos bastante variáveis. Consideremos, por exemplo, a Índia do século VII d.C.

Sabe-se que, na Índia, a Geometria era fortemente empírica, estando ligada à mensuração. No entanto, os hindus, embora fossem ótimos calculadores, eram geômetras de pouco talento. Escreviam em versos e sua linguagem era caracterizada por misticismo e obscuridade.

Um dos textos que nos remete a essa época é o comentário que Bhaskara[3] escreveu sobre o *Āryabhaṭīya*. Escrito em versos, possui uma estrutura que se caracteriza por uma sentença introdutória, um comentário geral, exemplos resolvidos, representação e procedimentos. Na parte caracterizada por "representação" encontram-se "figuras" e "diagramas".

Keller (2006), ao comentar a obra de Bhaskara, mostra que as figuras estão associadas a uma ideia abstrata, a um objeto matemático, e os diagramas são desenhos cuja finalidade é explicitar tais ideias. Esse autor vai mostrando como, no decorrer do texto de Bhaskara, as figuras e os diagramas vão se tornando inseparáveis e, às vezes, até indistinguíveis. Os diagramas ganham importância à medida que vão sendo usados para elucidar o pensamento matemático descrito no texto. Ou seja, os diagramas passam a ser um modo

3 Bhaskara foi um dos matemáticos indianos mais importantes do século XII. Tornou-se conhecido pela complementação da obra do conterrâneo Brahmagupta, dando, pioneiramente, a solução do problema da divisão por zero. Fez, também, comentários sobre o *Āryabhaṭīya*, importante obra de *Āryabhata* (476-550), o primeiro dos grandes astrônomos e matemáticos. O *Āryabhaṭīya* está dividido em quatro capítulos que apresentam: constantes astronômicas e tabelas de seno, matemática utilizada na computação, divisão de tempo e regras para calcular as longitudes de planetas usando excêntricos e epiciclos, regras relacionadas a problemas de trigonometria e computação de eclipses.

de expressão que visa deixar claro o pensar matemático para aquele que lê o texto. Vão se entrelaçando ao procedimento, à seção em que a resolução dos exemplos é exposta, e assumindo diferentes funções.

Na maioria dos casos, os diagramas eram usados por Bhaskara como parte dos exemplos resolvidos, mas podiam estar especificando uma definição, fazendo um resumo do processo, indicando um processo segundo o qual o procedimento era desenvolvido ou mesmo um recurso para a prova.

Com isso não se pode dizer que Keller afirma que os diagramas eram usados por Bhaskara como provas matemáticas, no sentido que as conhecemos hoje. Ele esclarece que, segundo o próprio Bhaskara, o vocabulário usado na exposição dos comentários do *Āryabhatīya* poderia sugerir uma série de interpretações, e os diagramas indicavam uma direção a ser seguida. Eles induziam uma imagem apropriada à resolução do que era solicitado. Vamos buscar mais detalhes dessa utilização dos diagramas por Bhaskara.

Como resumo do processo, Bhaskara utilizava os diagramas para mostrar o que era conhecido e o que era requerido no problema, ou seja, o diagrama era usado como recurso heurístico para guiar o processo de resolução do problema. Ele orientava a leitura do texto e mostrava um caminho para a resolução do problema proposto.

No verso 9 do comentário, por exemplo, Bhaskara considerou a área de um triângulo, cujos lados eram dados: 13, 15 e 14, e trouxe uma resolução que considerava o diagrama da Figura 8.5.

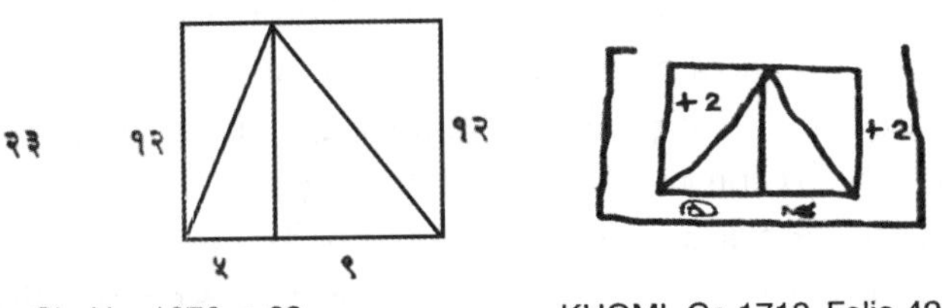

Shukla, 1976, p.69 KUOML Co 1712. Folio 42 verso

Figura 8.5

Nesse exemplo, considera-se que a área procurada é dada pela

> soma das metades das áreas dos campos retangulares. Esta área (do trilátero) é a soma das metades das áreas dos dois (retângulos), um de largura 5 e comprimento 12, o outro de largura 9 e altura 12. (Keller, 2006, p.297)

O diagrama, nesse caso, ilustra o processo de resolução do problema: são dados os lados e a figura mostra o triângulo inscrito num retângulo. Percebe-

-se pela figura que uma das alturas do triângulo divide-o em dois triângulos retângulos cuja área equivale à metade das áreas dos retângulos nos quais o primeiro retângulo foi dividido. Como as resoluções eram escritas em versos, Keller diz que o diagrama que ilustra o processo pode também ser usado para expressar o processo, ou seja, ele pode ser um recurso de comunicação do pensar do matemático para a resolução do problema.

No comentário de Bhaskara, há ainda descrições ou explicações de como se construir o diagrama, e ele, ao usá-lo para ilustrar ou guiar um processo de resolução de problemas, terminou dizendo: "No campo desenhado deste modo tudo estará mostrado" (Keller, 2006, p.295).

Mas e quanto à prova?

Keller diz que o comentário de Bhaskara exige um tipo de raciocínio específico: a verificação. Esse autor discute procedimentos que justificam regras usadas por *Āryabhatīya*, porém não faz provas formais, no sentido que as conhecemos hoje, ou como as que são tratadas em os *Elementos* de Euclides. Diz Keller que todos os fragmentos de provas encontrados no texto de Bhaskara foram representados e mostrados por um diagrama. A palavra "prova" era usada para se referir ao diagrama em que se estava trabalhando. Ou seja, por meio da prova, justificavam ou verificavam aquele caso particular. Por exemplo: ao falar da semelhança de triângulos, Bhaskara dizia que, para encontrar a medida de um determinado lado do triângulo, era possível recorrer à regra de três. Ele escreveu: "Para mostrar a prova da regra de três, um campo é representado" (Keller, 2006, p.299). Segue-se, então, um diagrama que, como na maioria dos casos, não é seguido por nenhum raciocínio.

Keller conclui que a prova, que para nós, nos dias atuais, é fundamental na exploração geométrica, para Bhaskara era apenas um recurso de linguagem, já que a verificação estava sendo dada pelo diagrama. Destaca ainda que, como o trabalho considerava um diagrama desenhado numa superfície coberta de poeira fina (que permitia o desenho) e as explorações eram orais, nada se pode afirmar sobre as provas sem que se imagine o processo. As informações escritas que temos nos levam a crer que, na Matemática da Índia por volta do século XII, dificilmente se podem separar definições de diagramas sem que a significação do trabalho seja perdida. Os diagramas eram objetos comuns à prática matemática de Bhaskara, tendo uma função exploratória e demonstrativa.

O que seriam, então, os diagramas?

Vimos que, na Grécia ou na Índia, os diagramas eram usados pelo matemático num sentido amplo que permitia ver o andamento do processo de construção. Nesse contexto, os diagramas eram recursos que favoreciam a exploração matemática de situações e explicitavam o fazer matemático; eram meios de o matemático investigar o que desejava saber.

Keller chega a afirmar que os diagramas representavam os objetos trabalhados, e não apenas um trabalho sobre objetos. Ou seja, eram maneiras de o matemático investigar suas hipóteses matemáticas.

Com esse olhar, voltamo-nos para o contexto da produção matemática atual e interrogamos os diagramas: há, ainda hoje, um sentido epistemológico que revele a ligação entre essa vivência da figura que, a princípio entendemos como intuitiva, e o conceito geométrico que vemos como uma objetividade matemática?[4]

Passamos a questionar o modo como os diagramas podem estar presentes nos dias atuais na produção matemática e na sala de aula de Matemática.

A presença dos diagramas no fazer Matemática atualmente: uma possibilidade aberta à compreensão

Os comentários até agora se referem a como os diagramas eram tratados por outras culturas na Antiguidade. No entanto, seguimos por outro caminho: aquele que requer considerar a produção do conhecimento no momento em que o matemático realiza seu trabalho na atualidade, ou seja, na ação de produzir Matemática e buscar um modo de expressar ou comunicar as ideias que lhe fazem sentido.

Seriam os diagramas expressões do pensar matemático atual? Seriam pontos de apoio e ancoragem da produção matemática? Haveria ainda hoje, num contexto que prima pelo rigor da linguagem e pelo fazer analítico, disponibilidade para um pensamento voltado para diagramas? Como seria a atual produção matemática e o pensar do matemático que se envolve com a produção e o ensino dessa ciência, no âmbito do conceito de rigor hoje em voga?

Essas são algumas das inquietações que nos acompanham na investigação do significado epistemológico dos diagramas e, para buscar clareza no que interrogamos, conversamos com matemáticos que estão atualmente produzindo Matemática e atuando em salas de aula do curso superior, lecionando Matemática. O objetivo é compreender como os diagramas estão presentes no

4 Sobre o significado de "objetividade matemática", ver referência nos capítulos 1 e 2.

fazer do pesquisador e do professor de Matemática.[5] Esse diálogo com matemáticos e professores de Matemática nos permitiu concluir que os diagramas são significativos de maneiras distintas, que variam segundo seu uso.

São significativos para o entendimento matemático, na busca de soluções, na investigação e generalização de situações matemáticas, e são recursos de comunicação do compreendido e interpretado ao se fazer Matemática. Vamos procurar explicitar cada uma das situações em que vimos essa significação se revelar.

O significado dos diagramas para o entendimento da Matemática

O entendimento relativo à significância dos diagramas se refere tanto ao modo de o aluno lidar com o conhecimento matemático em sala de aula quanto ao do matemático produzir conhecimento.

No caso do aluno, o entendimento favorecido pelos diagramas relaciona-se à compreensão da linguagem em que, por exemplo, os teoremas são expressos ou as demonstrações são construídas. Ou seja, ao construir uma figura com régua e compasso ou num software gráfico, o aluno utiliza o diagrama como meio de investigar propriedades e entender o que está sendo exposto pela teoria matemática.

Os diagramas são elementos de apoio à compreensão matemática. São maneiras de o aluno ver o que está sendo exposto. São elementos intermediários subjacentes à compreensão da situação matemática e abrem-na ao entendimento. Vistos como elementos intuitivos, são mais atraentes para o aluno do que a linguagem proposicional. Mostram-se como um solo mais confortável para que o aluno arrisque hipóteses e tente investigar, convidando-o a se envolver com as situações matemáticas para entendê-las.

Os diagramas, para o matemático, são recursos que favorecem o entendimento de uma forma distinta da do aluno, mas que se associam, e, para os matemáticos com os quais trabalhamos, são recursos que lhes possibilitam ampliar a teoria. Investigando aspectos particulares dos diagramas, o matemático busca o processo de criação, ou de produção matemática que inclua ver.

5 As interpretações que, a partir desse ponto, trazemos para o texto tomam como referência as análises construídas no trabalho de doutoramento realizado no programa de pós-graduação em Educação Matemática da UNESP de Rio Claro, orientado pela dra. Maria Aparecida Viggiani Bicudo. Consideramos ainda os dados oriundos das entrevistas realizadas com matemáticos e professores de Matemática.

É tão importante para o matemático ver o que produz quanto para o aluno ver o que lhe é apresentado. Mas que ver é esse? Esse ver em que os diagramas são significativos para o entendimento da Matemática é o que Merleau-Ponty estudou, e consiste num olhar de dentro para o cotidiano, aquele ver que se envolve com a Matemática. É o ver que permite a revelação daquilo com que lidamos no cotidiano. É o ver que permite ao sujeito, que se deixa ser tomado por aquilo que interroga, ir às extremidades invisíveis de algo que mostra de si um lado, ocultando o outro. É o ver que impele a investigação. É com esse sentido que os diagramas favorecem o entendimento, pois colocam aqueles que se envolvem com o fazer Matemática para refletir sobre o que é visto e investigar que está visível.

O significado dos diagramas para a busca de soluções, e a investigação e generalização de situações matemáticas

Os diagramas são também considerados importantes na construção do conhecimento matemático, em situações que exigem a busca de similaridades, padrões e propriedades comuns que favoreçam conjecturas e promovam o raciocínio. Embora haja certa suspeição acerca do uso dos diagramas, esse recurso não é invalidado. Há, no que diz respeito ao seu uso, apenas um alerta: as conclusões a que se chegam, tomando os diagramas como apoio, são apenas prováveis e podem ser refutadas. Há sempre, por parte de matemáticos e professores de Matemática, uma ênfase na necessidade de demonstrar as conclusões, de usar o raciocínio dedutivo (Paulo, 2006).

No entanto, é possível compreender a solicitação de um solo construído para as demonstrações matemáticas, que pode ser propiciado pelos diagramas. Ao considerar como os diagramas são significativos para a compreensão que os alunos têm das situações matemáticas e para o modo como constroem a generalização, é preciso um pensar que não se volte apenas para cálculos, deduções e fórmulas. Entendemos que esse pensar é o que Heidegger denomina "pensar meditativo". Um pensar que não surge de maneira espontânea, mas exige grande esforço, exercício e cuidado, envolvimento e familiaridade, de modo que a pessoa habite a situação vivenciada e seu entorno, abrindo-se a ela, na medida em que interroga seu sentido.

No contexto da sala de aula, quando investigados pelo aluno, os diagramas favorecem um determinado modo de pensar e podem levá-lo à compreensão do que é explicitado na teoria, bem como incentivá-lo a expor seu raciocínio matemático. Ao construir o diagrama, o aluno deve procurar explorá-lo de forma a retirar dele informações que lhe permitam compreender a situação revelada na construção daquele diagrama específico. A análise da situação ajuda o aluno a compreender por que um enunciado particular pode ser verdadeiro ou mesmo o que ele afirma ser verdadeiro. Essa análise do diagrama envolve um trabalho de interpretação que não requer um espectador, mas um sujeito ativo que possa reconhecer relações internas ao objeto investigado, considerando os conhecimentos teóricos prévios que conferem a esse diagrama seu significado conceitual e histórico.

Essa análise que considera o diagrama como solo incentiva o aluno à exposição do caminho empreendido na investigação e das conclusões obtidas. Ou seja, há um incentivo à exposição do pensar. Ao expor o seu raciocínio ou as interpretações possibilitadas pela leitura do diagrama, o aluno mostra como pôde fazer associações que, embora simples, já que se consideram exemplos particulares, são essenciais à generalização e lhe permitem ver, por exemplo, que num dado diagrama o ponto de interseção de duas retas é a solução de um sistema linear.

Expõe-se o pensar meditativo, que põe aquele que se ocupa da Matemática numa situação de investigação; este é também o pensar que o impulsiona a buscar palavras que expressem o conteúdo matemático percebido no diagrama levando-o, mais tarde, a construir uma demonstração cujo solo é insinuado no ver. O diagrama lhe dá pistas visuais que podem ajudá-lo a ver como poderia começar uma prova. Mesmo que essa prova não seja formal nem rigorosa a princípio, os diagramas podem incentivar a comunicação do que está sendo compreendido e interpretado no ato investigador.

Valorizando os aspectos perceptivos, a construção das demonstrações, feitas na linguagem argumentativa, pode vir a ser compreendida, e a preocupação com a generalização pode adquirir um novo olhar. A generalização passa a ser vista como um processo de investigação do particular que é vivenciado pelo sujeito ao se envolver com a análise do problema que lhe é proposto.

Esse caminho de análise, interpretação e expressão é também aquele percorrido pelo próprio matemático em seu trabalho. Este busca, por um lado, fazer conjecturas e, por outro, demonstrar que elas são verdadeiras, partindo de alguns pressupostos iniciais (os axiomas).

Quando demonstradas, essas hipóteses iniciais passam a fazer parte do corpo de conhecimento matemático. Tornam-se teoremas.

Todo teorema evolui de esforços desenvolvidos para obtê-lo no estado de conjectura, e de esforços para permitir que, por meio de um raciocínio dedutivo, o novo enunciado se desprenda do já conhecido. O caminho percorrido desde a conjectura até o teorema é um desafio. O matemático, ao se envolver na busca de um resultado pressentido como verdadeiro, ou ao se envolver na construção da demonstração de um teorema já provado, vivencia esse desafio. Em cada uma dessas situações, ele coloca em jogo todas as suas capacidades para chegar ao resultado requerido, para desvendar os elementos ocultos e, a princípio, desconhecidos, circunscritos ao assunto que lhe interessa. Ele trabalha para ver o que está ali. No entanto, muitas vezes, a visibilidade lhe escapa. É preciso um porto seguro que desencadeie as ideias. A demonstração traz a validação da conjectura, mas o diagrama pode auxiliar o matemático a interrogar a própria demonstração construída. Ele pode ser o porto seguro.

No corpo de conhecimentos da Matemática, não se encontra uma investigação do diagrama. Este é um meio de o matemático investigar os objetos que deseja compreender. Os diagramas estão presentes na construção do conhecimento matemático, abrindo-se e desdobrando-se em compreensões e interpretações que constituem o processo de significação que vai expor, pela linguagem, o sentido que aquilo faz para o matemático que o interroga. Os diagramas são significativos para a investigação e para a generalização matemática.

O significado dos diagramas como recursos de comunicação

A preocupação com a generalidade da prova matemática vem de longa data e é parte integrante do discurso matemático. A demonstração é o veículo de comunicação matemática em vigor até hoje na cultura ocidental. Na Matemática, os fatos são estabelecidos por provas de sua veracidade ou existência. Entretanto, Husserl nos mostra que a raiz da constituição do objeto matemático se encontra em nossa experiência vivida no cotidiano, nos processos de idealização e de formalização. Evidencia a intenção de o sujeito expressar o que é essencial à sua forma de compreender e interpretar, que se originou nesse solo das experiências vividas. Assim, ao buscarmos compreender como os diagramas podem ser significativos no papel de recursos de comunicação da interpretação matemática, olhamos para um cenário que valoriza essa intenção do sujeito de expressar o compreendido na experiência vivida e não para o cenário da linguagem estabelecida no rigor da exigência atual em que a produção matemática é veiculada. Valorizamos diferentes maneiras de o sujeito comunicar o que percebe, analisar e interpretar uma situação matemática, e o diagrama é um deles.

Ao explorar o diagrama, o matemático busca por aquilo que o diagrama lhe diz (Paulo, 2006). A evidência dada na figura ilumina o dizer de algo proposto no enunciado de um problema. A análise, considerada em seu estado inicial ou informal, não exige o rigor da linguagem e dá uma espécie de licença para comunicar o percebido. Na conversa entre matemáticos, são comuns expressões como o "rabinho da função" para se referir a uma parte de um gráfico que se busca entender. Essa fala informal revela como o matemático investiga o objeto matemático função e, no traçado do gráfico, como tenta compreender seu comportamento ou mesmo discuti-lo. Inicia-se, na exploração perceptiva, um processo de organização e comunicação.

O "rabinho da função" expõe-se na oralidade, mas é trabalhado pelo matemático para ser enunciado na linguagem escrita, aquela que é aceita e compreendida pela comunidade científica.

Ao comunicar o que foi proposto no diagrama, o matemático faz como que uma tradução da linguagem e expõe o que percebe em sua forma final de articulação compreensiva. Ou seja, ao lermos uma comunicação matemática, um texto matemático, qual o sentido que nele se revela? Por certo não o da intuição original. Essa intuição se apaga, perde a luminosidade ao longo do trabalho, e o que é transmitido no texto é o resultado de processos de análise e síntese do matemático.

Saraiva (1992) argumenta que uma das possíveis causas para isso se relaciona ao fato de que os modelos requeridos atualmente para as publicações em Matemática, na maioria dos casos, consideram os diagramas inaceitáveis, dada sua faceta enganosa ou mesmo sua falta de rigor e precisão. Mas e no contexto da sala de aula? E o aluno? Como essa linguagem chega até ele?

No cotidiano da sala de aula, os diagramas são recursos importantes para desencadear o processo de pensamento, sugerir um caminho para a prova, fazer análise de situações e investigar resultados (Paulo, 2006). Mas como caminhar da linguagem informal, da expressão do diagrama, para a linguagem formal ou simbólica?

Não dispomos de pistas a respeito. Porém, sabemos que há formas distintas de perceber e também de investigar situações matemáticas. Essa distinção, entendida como formas de cognição, é visível ao professor atento e lhe permite compreender que a passagem de um campo a outro, às vezes, constitui verdadeiros saltos mortais. Textos de Filosofia, Filosofia da Matemática e Didática da Matemática mostram que há um solo favorecido pelo diagrama que pode levar os alunos à evidência matemática, e o incentivo à fala pode resultar num trabalho de orientação da escrita.

O modo de comunicação dos diagramas pode favorecer o espírito investigativo e, mesmo que as primeiras demonstrações sejam ensaios imprecisos, a tentativa pode impulsionar os alunos a falarem e escreverem Matemática, permitindo que o professor, em sala de aula, conheça a maneira como estão lidando com o conhecimento matemático.

Esse é, em nosso entender, um momento importante para o professor, em que ele poderá ter acesso à linguagem falada dos alunos, às concepções e aos conhecimentos matemáticos prévios que lhes permitiram investigar os diagramas. Nessa fala dos alunos, irá se expor o conjunto de relações de signos que para eles estão estabelecidos, assim como as significações que estão disponíveis.

No movimento de sua análise, as interpretações vão ganhando espaço e as significações novas vão surgindo. Um novo instrumental matemático torna-se presente. Esse é o movimento de compreensão que se espera ver no aluno. A forma final da sua escrita será uma consequência do modo de pensar e interpretar a Matemática. Será a visão da unidade do que é percebido que lhe garantirá a expressão.

Para o sujeito que investiga, a linguagem será significativa, uma vez que expressa seus atos intencionais, seus atos cognitivos que são efetuados no movimento de o sujeito voltar-se para os objetos matemáticos e tentar compreender suas propriedades ou relações.

A aula de Matemática: ensaios de um trabalho possível com os diagramas

Pelo que viemos construindo até aqui, somos capazes de dizer que os diagramas são opções de investigação de objetos matemáticos e, mesmo que sejam tomados como objetos sensíveis ou intuitivos, podem ser valorizados no contexto da Matemática atual. Mas como desenvolver uma prática de sala de aula que valorize a investigação com base nos diagramas?

Apresentaremos a seguir algumas situações em que os diagramas podem ser fonte de investigação dos objetos matemáticos. Não pretendemos defender uma substituição de linguagens ou uma redução do trabalho matemático à análise empírica. Destacamos apenas que há formas diferentes de o sujeito perceber as relações matemáticas e, portanto, teme preciso que haja modos diferentes de ele comunicar o que percebe, compreende e interpreta em sua vivência de situações matemáticas.

Algumas atividades possíveis na sala de aula da Educação Básica

Para discutir a possibilidade de trabalho com a análise de situações matemáticas utilizando os diagramas, separamos as atividades em dois grupos: no primeiro tratamos de sequências (progressões geométricas) e, no segundo, de situações geométricas (presentes como conteúdos de Geometria). Embora estejamos discutindo o trabalho com diagramas e as análises sejam sempre geométricas – ou com base em imagens –, essa distinção segue o modo como os conteúdos estão separados, por exemplo, nos livros didáticos.

Atividades de conteúdo numérico

A primeira atividade refere-se à soma dos termos de uma progressão geométrica. Nos livros de Ensino Médio, costuma aparecer com o seguinte enunciado:

"Determine a soma da P.G. decrescente $\frac{1}{2}+\frac{1}{4}+\frac{1}{8}+\ldots+\frac{1}{2^n}$"

Para resolver essa questão, provavelmente seria solicitado ao aluno: encontrar o primeiro termo da sequência, sua razão, e fazer uma análise – se ela é crescente ou decrescente, convergente ou divergente –, para saber qual fórmula deveria ser usada.

Se a análise saísse conforme o esperado, o aluno identificaria a sequência como uma progressão geométrica decrescente, infinita e convergente, cujo primeiro termo é ½ e a razão também é ½, com o que teríamos a seguinte solução:

$$S_n = \frac{a_1}{1-q}$$

$$S_n = \frac{\frac{1}{2}}{1-\frac{1}{2}}$$

$$S_n = 1$$

No entanto, qual o sentido do que foi feito? Como o aluno compreende esse problema e a respectiva solução?

Brown (1999) oferece uma possível resposta para essa questão usando um diagrama.

Para essa solução podemos considerar, por exemplo, que estamos somando áreas de retângulos. Eles estão sendo justapostos e seu somatório dará uma figura cuja área pode ser determinada.

Os retângulos têm as áreas dadas pelas parcelas da soma anterior. Ou seja, cada uma das parcelas refere-se à área de um retângulo. Como a série é infinita e os termos são cada vez menores, pode-se imaginar o que acontece no final.

A figura obtida pelo somatório de todos os pequenos retângulos seria um novo retângulo como o da Figura 8.6.

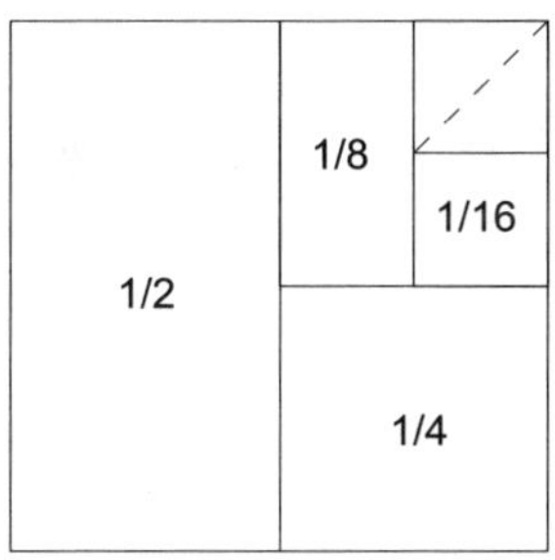

Figura 8.6

Qual a análise possível para esse diagrama?

Percebemos que construir o diagrama não é uma tarefa simples. Os retângulos têm áreas dadas pelas parcelas da soma indicada na série. Mas quais são suas dimensões? O primeiro pode ser ½ por 1. O segundo já é um quadrado de ½ por ½. O terceiro, um novo retângulo de ½ por ¼, e assim sucessivamente. Há, implícita nessa solução, toda uma análise de dimensões de figuras, de forma e de operação com números racionais. O somatório 1 implica o novo retângulo obtido de dimensões 1 por 1. Ou seja, um caso particular de retângulo: um quadrado.

Nessas poucas palavras, pode-se perceber a análise matemática que é possível ser feita ao se usar um diagrama para a solução do problema. Não é uma opção pela solução algébrica ou geométrica. É a valorização do que é possível ser explorado em termos de conteúdo matemático com base em uma ou outra opção de resolução.

Ainda considerando o mesmo tipo de atividade, isto é, as progressões geométricas, há uma série de exemplos na Geometria Fractal que pode ser usada para esclarecer o sentido do que é encontrado ao trabalharmos com essas sequências.

Consideremos, a título de exemplo, o triângulo de Sierpinski.[6] Para essa nova sequência pode ser solicitado o cálculo do último termo. Um problema possível seria:

Considerando que a área do triângulo inicial (primeira figura) é 1 u², e que os triângulos escurecidos são "buracos", determine em cada iteração (cada nova figura), a área do triângulo restante. Faça uma análise da área restante na n-ésima iteração.

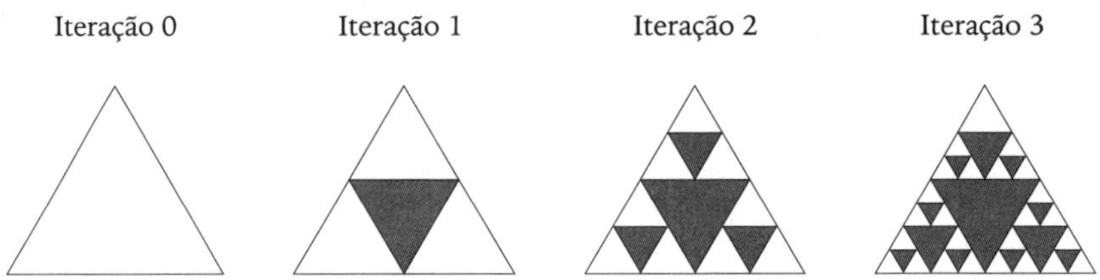

Figura 8.7

Analisando as áreas dos triângulos, pode-se considerar que:

- na iteração 0 a área é 1 u^2,
- na iteração 1 a área é ¾ u^2,
- na iteração 2 a área é $\frac{9}{16}$ u^2 e assim sucessivamente. Obtemos uma sequência de áreas que expressa uma progressão geométrica decrescente de razão ¾, que pode ser escrita por:

$$\left(\frac{3}{4}\right)^0, \left(\frac{3}{4}\right)^1, \left(\frac{3}{4}\right)^2, \left(\frac{3}{4}\right)^3, \ldots, \left(\frac{3}{4}\right)^n$$

respectivamente para as iterações 0, 1, 2 etc.

6 Waclaw Sierpinski (1882-1969) foi um grande matemático polonês. Em 1916 criou uma curva muito interessante conhecida na Geometria Fractal como "triângulo de Sierpinski". Sua construção baseia-se num triângulo equilátero do qual encontramos os pontos médios. Unindo-os, construímos um novo triângulo que será retirado. Dos três triângulos restantes encontramos de novo os pontos médios, que unimos para obter novos triângulos dos quais sempre retiramos o triângulo central. Esse processo é feito infinitamente de modo a perceber que a área do triângulo equilátero inicial vai tendendo a zero. Ou seja, o triângulo vai ficando cada vez mais "esburacado", até não ter mais área.

Na n-ésima iteração, a área será (¾)n. Mas que valor é esse? Cabe aqui a análise do resultado de uma potência cuja base é uma fração própria. Pode-se investigar o que acontece com a potência à medida que o expoente cresce. Essa análise permite compreender que a potência se aproxima cada vez mais de zero.

Essa compreensão pode ser dada pelo diagrama. Analisando a sequência do ponto de vista gráfico, o aluno pode perceber que a área do triângulo na n-ésima iteração aproxima-se de zero, uma vez que o triângulo vai tendo cada vez mais partes escurecidas (buracos). Também pela análise do diagrama é possível compreender a ideia de limite, pois sempre há a possibilidade de extrairmos novos triângulos dos restantes. Para esse caso, um software gráfico – que tenha o recurso do zoom – pode auxiliar. A ideia de limite, portanto, pode ser compreendida via análise do diagrama. A área do triângulo aproxima-se cada vez mais de zero porque ele vai "desaparecendo"; porém, em termos numéricos, nunca obtemos o zero como potência.

Atividades de conteúdo geométrico

Raymond Duval (1995) descreve em seus trabalhos a importância da investigação de figuras. Para esse autor, as figuras não são elementares. Mesmo que seja uma figura de duas dimensões, ela comporta uma série de unidades figurais[7] que podem ser decompostas para serem compreendidas e analisadas. Segundo Duval, um mesmo objeto matemático pode ser representado por unidades figurais diferentes.

Consideremos um de seus exemplos para analisar o que ele diz:

Seja ABC um triângulo qualquer.

Sabe-se que AC e AC são paralelas, que AB e AB são paralelas e que BC e BC são paralelas.

7 Duval afirma que toda figura possui elementos constitutivos de dois tipos: os dimensionais e os qualitativos. Os dimensionais referem-se ao número de dimensões da figura e os qualitativos, às variações de formas, cores, orientação etc., que influenciam a tarefa visual ou o modo como as figuras são percebidas. As unidades figurais são esses elementos constitutivos das figuras.

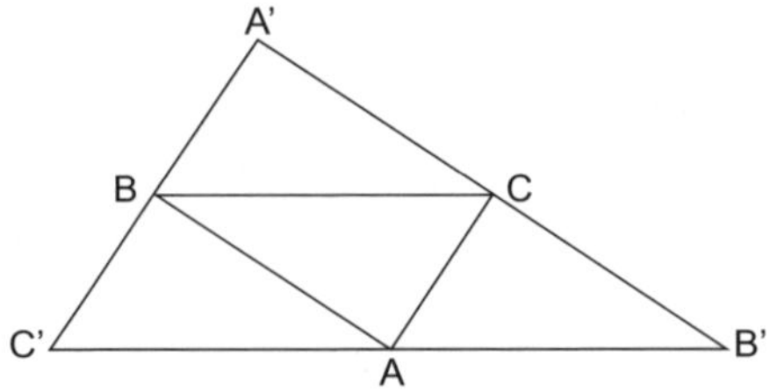

Figura 8.8

Prove que A é ponto médio de BC.

Como se procederia a essa prova? Para ela são necessários alguns conhecimentos de Geometria, tais como as ideias de congruência, de semelhança e de retas paralelas cortadas por uma transversal. Se analisamos os triângulos separadamente, conseguimos provar a semelhança entre ABC e ACB, bem como a congruência entre ABC e ABC. Mas, para o propósito do exercício, provar que A é o ponto médio de CB não é suficiente; temos de prosseguir na busca da congruência entre ABC e ACB. No entanto, se considerarmos os paralelogramos ACBC, ACBA e ABCB, temos outro caminho.

O caminho escolhido para a prova vai depender da maneira como vemos a figura. Duval nos diz que essa figura pode ser vista de maneira espontânea como um pequeno triângulo inscrito num grande triângulo, ou como uma pavimentação de pequenos triângulos disjuntos. É o caso da busca da congruência e da semelhança entre triângulos a que nos referimos.

No entanto, o autor diz que, para encontrar os três paralelogramos, precisamos fazer uma reorganização no modo de perceber a figura, que faz predominar o contorno dos triângulos sobre o dos quadriláteros. E por que ver o paralelogramo? Ver o paralelogramo pode ser um indicativo para o início do que é requerido. Entretanto, pode-se pensar que isso já é sugerido pelo próprio enunciado do problema, uma vez que ele descreve as linhas paralelas.

Duval, porém, afirma que essa sugestão só é percebida se o leitor for um matemático ou alguém que tenha grande afinidade com a Matemática, e experiência com as provas rigorosas. Ele justifica essa afirmação dizendo que a leitura do diagrama exige uma combinação de dois registros: um olhar para a figura – que ele denomina de registro figural – e a articulação com o que sugere o enunciado – o registro discursivo.

Segundo o autor, essa coordenação entre o registro figural e o discursivo não existe para a maioria dos alunos em situação de aprendizagem, já que envolve uma função de tratamento, ou seja, é uma situação que exige a transformação de uma situação de comunicação imediata, espontânea (a imagem da figura) em outra (a linguagem do texto). Para esse autor aí reside a riqueza de se trabalhar com os diagramas. Não se trata de tentar reduzir uma coisa a outra, mas de um caminho para se passar de uma forma de perceber a outra. Ou, como dizíamos antes, é um modo de passar de uma linguagem a outra.

Para esclarecer tal maneira de compreender a importância do diagrama, consideremos uma situação em que a análise da congruência é requerida. Ou seja, não se busca uma prova da congruência, mas, sim, um meio de identificar se as figuras são ou não congruentes. Neste caso, o diagrama, ou a construção com régua e compasso, pode ser um recurso importante.

Consideremos a situação a seguir:

"Construa um triângulo sabendo que AB = 6 cm, B = 30° e AC = 5 cm. Há mais de uma solução possível? Justifique sua resposta."

Ao resolvermos esse problema usando régua e compasso ou um software gráfico, encontramos duas soluções possíveis. Os triângulos ABC e ABC' estão de acordo com as medidas solicitadas.

Por que isso ocorre?

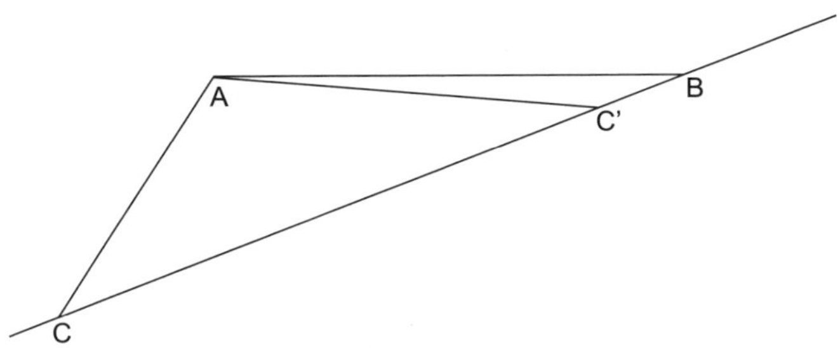

Figura 8.9

A justificativa envolve um caso de congruência. Costumamos dizer aos nossos alunos que LLA (lado, lado, ângulo) não é um caso de congruência. Para que isso ocorresse, ou seja, para que o problema tivesse uma única solução, o ângulo dado deveria ser o ângulo A. Então teríamos LAL (lado, ângulo, lado). Fica a interrogação: qual a diferença entre as situações, se em ambas são dados dois lados e um ângulo? As justificativas são variadas. No entanto, dissipar a dúvida implica tornar o processo significativo para o aluno. O aluno tem de conseguir ler a diferença entre LLA e LAL.

No exemplo anterior, as duas possibilidades de solução dadas pelas figuras (triângulos ABC e ABC') podem levar a uma análise de como corrigir o problema. Ou seja, o que seria preciso modificar no enunciado para que a solução fosse única? Ou, então, o que leva à possibilidade de duas soluções?

A análise dessas possibilidades, por meio de uma construção geométrica, pode levar o aluno a compreender o sentido dos casos de congruência. Estaríamos, portanto, fazendo o que Duval denomina de função de tratamento? Provavelmente, uma vez que passaríamos da linguagem espontânea (a construção da figura com régua e compasso) para uma análise formal (a demonstração da congruência ou o modo de corrigir o enunciado para se chegar a uma congruência).

Considerações finais

Poincaré diz que o aspecto visual é importante, ainda que seja pelo simples fato de estimular o jovem a pensar por si mesmo e passar a gostar de Matemática, já que o raciocínio com inspiração na imagem visual pode ser uma tarefa estimulante que poderá despertá-lo para outra ideia. A construção geométrica, por exemplo, feita com régua e compasso, para a compreensão dos casos de congruência pode não ser um recurso suficiente, ou a análise de um gráfico de função, para a compreensão do que é convergência, pode ser limitada. No entanto, como diz esse autor, podemos pensar que o recurso visual é útil na construção do conhecimento matemático e poderá ser importante para o aluno porque fornece um recurso a mais de compreensão e, para o professor, porque poderá favorecer-lhe um meio de (re)viver ou (re) lembrar esquemas interiorizados e construídos logicamente.

Já Freudenthal (1973) afirma que a intuição geométrica ou a valorização do aspecto visual é importante na produção do conhecimento matemático e pode precaver-nos contra os desvios realizados nas soluções de problemas conduzidas apenas com base nos enunciados. Para esse autor, as figuras iluminam as ideias e sugerem métodos (caminhos, opções) para que se construa uma validação das hipóteses e conjecturas exploradas e se compreenda o sentido do que se está desenvolvendo analiticamente.

Em pesquisa efetuada em Paulo (2006), interrogamos o significado epistemológico dos diagramas no ensino de Matemática e na produção do conhecimento matemático, buscando compreender a forma como o matemático lida com sua produção e qual o recurso visual que utiliza nessa produção. Compreendemos que os diagramas estão presentes no processo de construção do conhecimento matemático e que são registros próprios dessa atividade.

Os diagramas organizam a percepção visual e a prática do discurso teórico. Estão presentes na própria construção do raciocínio.

Voltando-nos para a sala de aula e procurando escrever este texto que leva ao professor o que foi compreendido na investigação, percebemos a importância de destacar que, embora o aluno não disponha das habilidades, do conhecimento específico nem da capacidade de produção do matemático, ele também é capaz de expor seu modo de pensar e compreender as situações matemáticas, e, nesse sentido, os diagramas são recursos imprescindíveis que, se negligenciados, podem eliminar algumas opções de aprendizagem matemática.

Capítulo 9

Trabalho pedagógico com pavimentações do plano no ensino e na aprendizagem de Geometria

Marli Regina dos Santos
Claudemir Murari

A beleza das pavimentações, a possibilidade de exploração dos conceitos geométricos envolvidos no seu estudo e a importância da Geometria para a Matemática e para a Arte indicam a possibilidade de efetivação de um trabalho interdisciplinar em Educação Matemática envolvendo áreas de conhecimento que constituam sua interface.

Na trilha da realização dessas possibilidades, e assumindo uma postura fenomenológica, apresentaremos algumas atividades realizadas com professores de Matemática e Arte, dos anos escolares finais do Ensino Fundamental, em que foram trabalhados conceitos geométricos por meio do estudo das pavimentações e da utilização de materiais manipulativos (Santos, 2006).

Assumir tal postura destaca a importância do "olhar", que se faz na intencionalidade de buscar ver o que se mostra. Desse modo, "olhar" para o processo de realização das atividades, destacando os materiais utilizados, as cores, as operações, os diálogos esclarecedores é o ponto de convergência das atitudes que enfocam essas atividades atentamente em vez de tomá-las apenas como experiências empíricas. Esse é o diferencial fenomenológico, em que se busca o sentido que as coisas fazem para nós.

Atitude fenomenológica: possibilidades que se abrem

A separação entre as áreas de conhecimento e a especificidade de cada disciplina ganham contornos cada vez mais acentuados na medida em que se acredita que o conhecimento é um somatório de partes. Esse aumento do acúmulo de conhecimentos e capacidades cada vez mais particulares de uma disciplina também parece aumentar o risco de perdermos a visão da totalidade, uma vez que a abordagem de certos temas requer a análise das relações que se emaranham em sua constituição. Nota-se que o estudo compartimentado das partes com o objetivo de encontrar o todo, por meio de uma junção, pode não dar conta de tal empreendimento.

O currículo escolar compartimentado em disciplinas dissociadas entre si está sustentado por uma visão cartesiana[1] de realidade e de conhecimento, na qual o ser humano é tratado como recipiente, o conhecimento sensível é tido como enganoso e a ciência aceita como verdadeira é a Matemática, por sua exatidão e objetividade. Tais características parecem criar, ou acentuar, um suposto abismo entre Arte e Matemática, de maneira que um trabalho em que aspectos artísticos e matemáticos são abordados não se sintoniza com essa concepção de currículo, já que as possíveis articulações entre essas áreas são desconsideradas.

Negar as relações e articulações entre as diferentes áreas do conhecimento pode ofuscar a complexidade da realidade. Na busca de ultrapassar as barreiras impostas por um currículo disciplinar, têm surgido tentativas destinadas a reunir o que é tido como fragmentado, por meio de ações multi, inter e transdisciplinares. Multidisciplinares são aquelas ações que buscam reunir diferentes disciplinas. Já a interdisciplinaridade, segundo Bicudo (2008), é um modo de proceder que, na origem, está pautado pela lógica das disciplinas, operando de maneira a interconectá-las, colocando-as em relação umas com as outras. Transcendendo a interdisciplinaridade, pode-se avançar rumo à transdisciplinaridade, quando são superadas as inter-relações e se caminha para abordagens temáticas complexas, que solicitam diferentes olhares de um mesmo sujeito ou de vários, que, trabalhando juntos, dialogam sobre o compreendido.

Nessas ações, não se desconsidera o conhecimento próprio de cada disciplina e suas práticas, mas procura-se explicitar e explorar as possibilidades que fundamentam e confirmam a importância de tais conhecimentos.

1 *Visão cartesiana* é o modo de olhar a realidade associado à lógica cartesiana, e não o pensamento de Descartes como autor e respectivas obras.

Caminhar nessa direção demanda uma postura de respeito e atenção ao outro para que os comportamentos individuais e coletivos sustentem as ações no ambiente escolar. Dessa forma, num trabalho que busca transcender o currículo cartesiano, o diálogo e a empatia direcionam a abertura para as compreensões e vivências das dimensões interdisciplinares.

A situação dialógica se faz pelo respeito ao outro, com quem coparticipamos no mundo-vida,[2] ouvindo-o atentamente. Ela permite estabelecer princípios éticos, visto que nossos atos ocorrem no entorno que nos envolve e no qual somos sempre com os outros. São coisas, lugares, pessoas, acontecimentos, sentimentos, modos de ser, ocupações e preocupações que formam o enredo em que cada indivíduo compreende o seu "aqui", criando a perspectiva pela qual ele abarca o mundo-vida.

Para a Fenomenologia, é pela consciência que nos direcionamos ao mundo. Consciência entendida não como um local, mas como um estado de alerta, como um voltar-se para algo intencionalmente. Assim, como seres plugados no mundo, estamos atentos à realidade, e nossos horizontes de compreensão vão se formando e espacializando de maneira que compreendamos a totalidade do que se mostra. Totalidade de luz e sombra, figura e fundo, perto e longe. Não há uma separação nítida. Há contornos delineados pelo destaque da figura que é atentamente focada.

Olhar a realidade com um olhar fenomenológico destaca a importância de trabalhos que envolvam diferentes áreas, em busca de superar as barreiras das disciplinas e avançar em direção à construção de um conhecimento holístico.

Num ambiente coletivo que visa ultrapassar os limites de um currículo cartesiano, não se coloca como pressuposto uma hierarquização de valores. O destaque está no movimento de construção do conhecimento, o que não se limita à especificidade própria de cada área, pois o que se busca é ampliar a perspectiva de olhar para as possibilidades educacionais de determinado tema ou assunto, caracterizando a predisposição para efetivar trabalhos de integração entre as disciplinas envolvidas.

Neste capítulo, o tema abordado – as pavimentações do plano – explicita a proximidade entre Arte e Matemática na medida em que permite trabalhar ideias geométricas explorando características como cor, sequências, movi-

2 Como explica Bicudo no capítulo 1, mundo-vida não é um recipiente ou uma coisa, mas um espaço que se estende à medida que as ações são efetuadas e o horizonte de compreensão se expande, enquanto o sentido vai se fazendo para cada um.

mentos etc. Essas duas formas humanas de manifestação estão imbricadas por sua estética na beleza das formas, harmonias, propriedades e padrões. O "belo" é valor tanto na Arte como na Matemática e pode revelar-se na beleza dessas áreas de conhecimento para aqueles que se dispõem a conhecê-las e se abrem para apreciá-las.

Focar a Geometria, neste trabalho, não implica considerar a Arte uma área que complementa os estudos matemáticos. A ideia de complementação poderia ser cogitada por se considerar a Geometria, tradicionalmente, um conteúdo matemático. Esse não é o olhar com que nos voltamos para ela. As ideias geométricas estão presentes no mundo-vida e podem se mostrar por diferentes perspectivas, de modo que as situações que envolvem tais conceitos revelam sua magnitude. Num quadro, por exemplo, a percepção do espaço, o traçado das linhas e curvas, as formas e propriedades nos dão a dimensão das possibilidades que se abrem para o ensino e a aprendizagem das ideias geométricas.

A Geometria, nas diversas perspectivas pelas quais se apresenta em nosso mundo-vida, pode fazer sentido para os sujeitos da situação do ensino e da aprendizagem, quando se ampliam as possibilidades de olhar para ela e abordá-la em sala de aula. Viabilizar caminhos é o papel da Educação, entendida pela Fenomenologia como o ato intencional do cuidado com o vir a ser do projeto humano.

O trabalho com pavimentações e caleidoscópios: apresentando o pano de fundo das atividades

Tratar conceitos geométricos fazendo uma mera revisão da Geometria axiomática revela uma atitude natural, que considera os objetos geométricos apenas como dados, de modo objetivo, sem a participação do ser humano em sua constituição.

Numa atitude fenomenológica, a preocupação com o ensino e a aprendizagem de Geometria estão em criar momentos de renovação, nos quais se buscam aberturas, transformações e reflexão sobre os modos de abordá-la em sala de aula. Procura-se superar desafios, abrir caminhos a serem trilhados e efetivar ações num trabalho conjunto no qual os envolvidos são os sujeitos da construção do conhecimento.

Levando em conta essa preocupação, apresentaremos a vivência dos encontros com professores de Matemática e Arte, explicitando as possibilidades de assumir a postura fenomenológica em atividades de ensino e aprendizagem de Geometria. Essa vivência se dá num movimento em que as pessoas, os materiais, o tema, as disciplinas e também as atividades revelam uma totalidade. Portanto, faremos uma breve apresentação do tema e dos materiais utilizados, procurando compreender o movimento de construção do conhecimento produzido.

Aqui, não nos aprofundaremos na análise das propriedades e definições referentes às pavimentações.[3] Vamos nos ater aos aspectos importantes para a compreensão do trabalho desenvolvido e das atividades realizadas, apresentando os materiais utilizados nos encontros, como caleidoscópios, tiras de cartolina, figuras triangulares, polígonos de cartolina. Com isso, nossa intenção é contribuir com possibilidades para o trabalho didático-pedagógico de professores do Ensino Fundamental.

Pavimentações do plano

As pavimentações do plano por polígonos consistem no recobrimento de uma região plana sem que haja espaços ou sobreposição entre os polígonos. Neste capítulo, abordaremos apenas as pavimentações compostas por polígonos regulares, cujos arranjos[4] são todos idênticos.

Figura 9.1
Pavimentação (4,8,8).

A porção de pavimentação da Figura 9.1, por exemplo, é obtida pela repetição de um arranjo composto por um quadrado e dois octógonos regulares ao redor de um nó, nessa ordem, em sentido anti-horário. Para facilitar a identificação, cada pavimentação é denotada da mesma forma que o arranjo que a origina. No exemplo dado, temos a pavimentação (4,8,8), cujos dígitos referem-se ao número de lados dos polígonos que a compõem.

Existem oito pavimentações formadas por um único tipo de arranjo composto por mais de um tipo de polígono regular. Elas são denominadas pavimentações semirregulares do plano. São elas (3,12,12), (4,6,12), (4,8,8), (3,6,3,6), (3,4,6,4), (3,3,4,3,4), (3,3,3,4,4) e (3,3,3,3,6).

3 Mais informações podem ser obtidas em Murari (2000), Batistela (2005), Gouveia (2005) e Reis (2006).

4 Arranjo é uma composição ordenada de polígonos ao redor de um ponto ou nó.

Existem apenas três pavimentações constituídas por um único tipo de polígono regular: a (3,3,3,3,3,3), formada por seis triângulos equiláteros ao redor de um nó; a (4,4,4,4), formada por quatro quadrados; e a (6,6,6), por três hexágonos (Figura 9.2). São denominadas pavimentações regulares do plano.

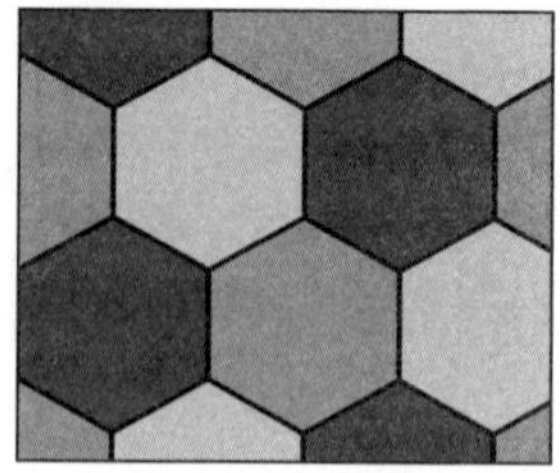

Figura 9.2
Pavimentação (6, 6,6).

Caleidoscópio

O caleidoscópio é um instrumento formado por espelhos planos (dois, três ou quatro) devidamente posicionados para fornecerem repetições perfeitas das imagens de um objeto (Figura 9.3). Ele permite a visualização de pavimentações por meio de bases colocadas no seu interior.

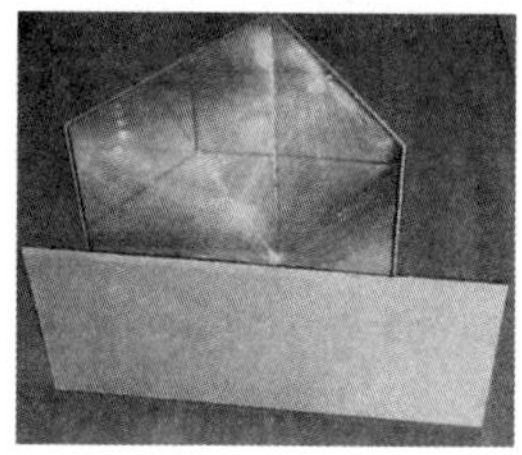

Figura 9.3
Caleidoscópio.

Uma base caleidoscópica é uma figura plana triangular (ou quadrangular) que contém os segmentos necessários para a visualização de determinada pavimentação (Figura 9.4). A construção dessas bases envolve a análise de diversos conceitos geométricos.

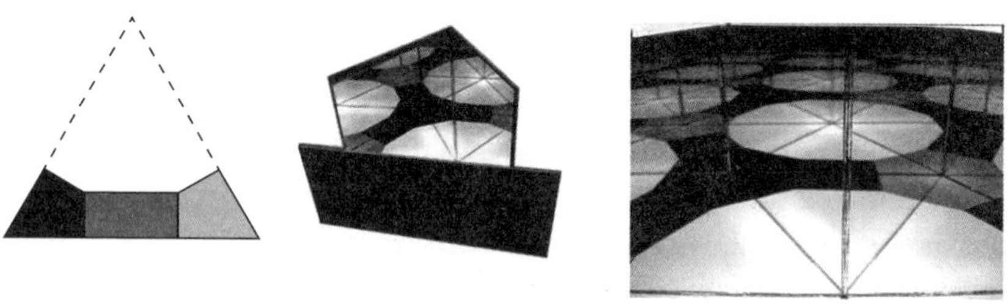

Figura 9.4 Base caleidoscópica e a visualização da pavimentação gerada.

Murari (1999) recomenda a utilização do caleidoscópio modificado (Figura 9.3) em atividades com alunos, por apresentar a vantagem de poder ser utilizado em grupo, facilitando a análise das simetrias. O caleidoscópio modificado é composto por dois espelhos planos cujas medidas são 22 cm x 25 cm e um de 15 cm x 35 cm.

Os caleidoscópios atraem pelo fascínio da visualização das imagens que se projetam entre os espelhos: um ponto no interior multiplica-se indefinidamente, dando margem à criatividade na construção de visuais que se expandem para o infinito. Merleau-Ponty (1989) assim comenta:

> [O espelho] é um instrumento de uma universal magia que transforma coisas em espetáculos, os espetáculos em coisas, eu no outro e o outro em mim.

Para complementar o estudo das pavimentações com os caleidoscópios, podem ser utilizadas tiras de cartolina para se representarem segmentos e pequenas circunferências feitas em material emborrachado, ou mesmo pequenos objetos para se representar os pontos. Esses materiais permitem uma investigação preliminar do visual a ser gerado entre os espelhos antes de se desenharem os segmentos adequados na base definitiva, ou seja, é possível testar se determinado segmento será ou não necessário para a visualização de dada pavimentação.

A atitude fenomenológica e o trabalho com as pavimentações do plano: ampliando horizontes de compreensão

Envolver distintas disciplinas num trabalho que busca explorar as possibilidades que se abrem para o ensino e a aprendizagem explicita as dimensões social e individual de um trabalho em que se almeja avançar na direção da produção do conhecimento.

Figura 9.5
Dois espelhos articulados.

Em diversos momentos dos encontros com os professores de Arte e Matemática, foi possível vislumbrar essas duas dimensões, por exemplo, nas "atividades com dois espelhos" (Figura 9.5). Tais atividades consistiam em algumas situações em que os materiais eram manipulados a fim de explorar propriedades geométricas, como simetria, geração de imagens etc.

No desenvolvimento dessas atividades, cada professor esteve presente aos encontros com seu modo de ser e proceder: ao se manifestar, ora se destacava em sua singularidade, ora se enredava na dos outros. Era o professor especialista, de Matemática ou de Arte, mas, também, era o coletivo de uma disciplina distinta ou do grupo todo de professores envolvidos.

Os modos de ser e agir de cada um revelaram-se intimamente relacionados à sua formação específica, como podemos ver no primeiro momento de realização dessas atividades, que consistia na análise da relação entre o ângulo de abertura dos espelhos e o número de imagens geradas entre eles (Figura 9.6). Manipulando os espelhos, os professores concluíram que, quanto menor o ângulo de abertura, mais imagens se formariam. Mas um professor de Matemática questionou a necessidade ou não de uma prova mais "rigorosa", ou seja, de uma expressão matemática que comprovasse o observado na manipulação dos espelhos. No ambiente de companheirismo que se estabeleceu, e pelo interesse dos demais em dialogar sobre tal expressão, o professor de Matemática apresentou aos colegas uma relação em que o número de imagens é dado pela divisão de 360° pela medida do ângulo de abertura entre os espelhos, menos 1 (referente ao objeto real):

Figura 9.6
Imagens geradas entre os espelhos.

Nº de imagens = (360/a) – 1, onde a é o ângulo de abertura.

Ao discutirem sobre essa expressão matemática, os professores manipularam os espelhos para verificar sua validade e concluíram que valeria apenas para os casos em que a divisão fosse exata, como para um ângulo de 60°, 90° etc. Com base na análise dessa expressão matemática, os professores manifestaram a preocupação em relacionar as atividades às possibilidades dos alunos. Por lecionarem nos anos escolares do Ensino Fundamental, questionaram a necessidade de uma prova como essa, mais formal.

Podemos notar que os professores se reportavam à sala de aula e aos alunos, explicitando um conhecimento profissional tácito e intuitivo, propiciado pelas vivências no ambiente escolar. Dessa forma, os encontros com os colegas também foram momentos de análise sobre as próprias ações, enriquecidos pela possibilidade de compartilhar as experiências com os demais.

Nas atividades com dois espelhos, destacou-se ainda o trabalho coletivo entre os professores: em geral, desenvolviam as atividades em conjunto, observando os mesmos espelhos e discutindo sobre a imagem obtida. Numa das situações, que consistia no estudo das reflexões de um ponto-objeto (grão de feijão) colocado entre os dois espelhos abertos num ângulo de 60° (obtido com a ajuda de um transferidor), deveriam analisar o número de imagens geradas e o polígono obtido ao traçar um segmento com canetinha unindo o ponto-objeto às imagens vizinhas (Figura 9.7).

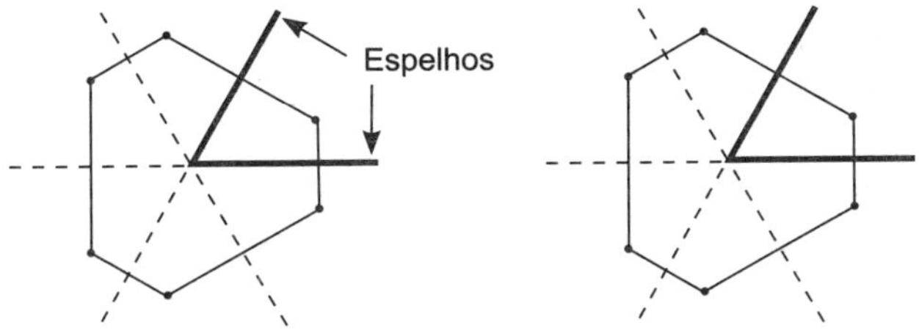

Figura 9.7 Representação da visualização entre os espelhos.

Manipulando os espelhos e os pequenos círculos, os professores dialogavam em grupo, utilizando conceitos geométricos mais formais para expressar suas compreensões. Mostravam a preocupação de compreender e expressar aquilo que analisavam.

Essa preocupação em utilizar os termos geométricos relacionados se manifestou, por exemplo, quando perguntamos: "O que é necessário para que o polígono obtido seja regular?". Movimentando os círculos, explicaram que, se o ponto estivesse na região central entre os espelhos, o hexágono obtido seria regular, e nomearam essa localização como a bissetriz do ângulo.

A disposição em explicar suas compreensões e a abertura em procurar compreender o olhar do outro possibilitou que os diálogos se complementassem, explicitando a relação de empatia estabelecida nos encontros. Num momento de discussão geral, quando seriam analisadas em conjunto as atividades já desenvolvidas, esse ambiente empático se destacou.

A primeira atividade analisada referia-se ao estudo das reflexões de imagens de um pequeno ponto-objeto encostado num dos dois espelhos articulados em 60° (Figura 9.8).

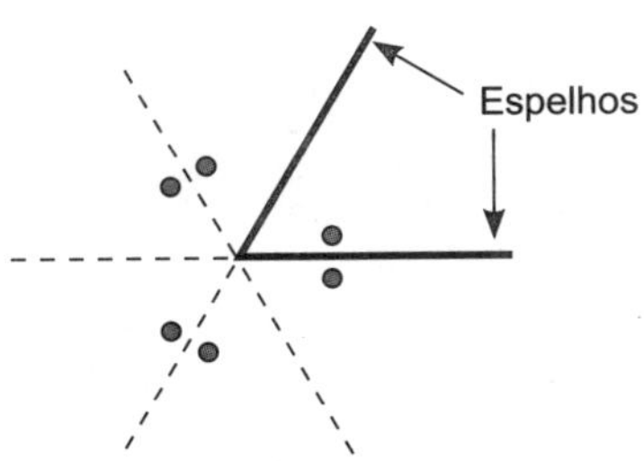

Figura 9.8

Nessa discussão, os diálogos entre os professores mostraram formas diferentes de expressar compreensões que não eram contrárias, mas convergentes. Uma professora de Arte explicou aos colegas:

> "Nós continuamos vendo cinco imagens em três pontos simétricos, porque ficaram dois juntinhos aqui, dois juntinhos ali, formando um triângulo; como o feijão era grande, ficaram duas imagens, se fosse menor seriam três pontos".

Complementando sua fala, uma professora de Matemática manipulou os espelhos e, apontando para duas imagens próximas, afirmou:

> "Já passei a visualizar estes dois como uma imagem".

Mesmo considerando que a atividade não tinha uma resposta objetiva como solução, pudemos notar a convergência nas ideias expostas pelas duas professoras, pois, embora não se desconsidere a dimensão do ponto-objeto usado, pode-se imaginar a imagem gerada num caso particular no qual o ponto não tem dimensão e os espelhos não têm espessura.

Ainda na busca de expressar suas compreensões, a mesma professora de Arte falou sobre a reflexão de um ponto-objeto encostado no vértice do ângulo formado pelos espelhos (Figura 9.9):

> "Eles ficavam com seis pontas; como o caroço [de feijão] era grande, ficava pontudinho... Parecia um hexágono...".

A professora de Matemática fez uma ressalva:

> "Acho que podemos ficar no círculo mesmo".

Prontamente, outro professor de Matemática completou sua fala:

> "Quando tende a zero...".

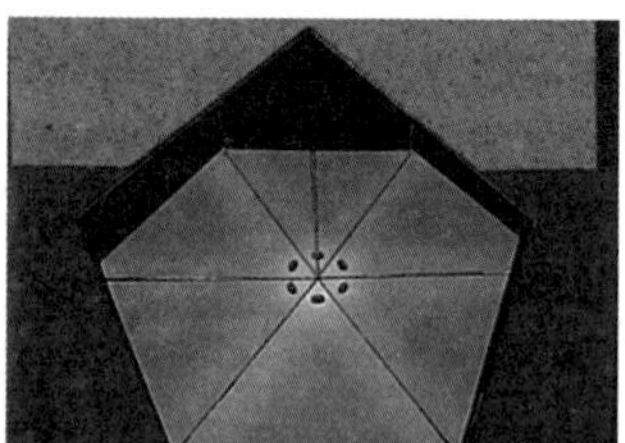

Figura 9.9 Reflexão de um ponto-objeto próximo aos espelhos.

O envolvimento dos professores ao se voltarem atentamente para as atividades possibilitou que as compreensões se explicitassem e que cada um pudesse (re)elaborar as próprias compreensões. Os demais presentes gesticulavam, confirmando as falas, ou manipulavam os espelhos para verificar o que havia sido apresentado. Ao fim da discussão coletiva, prevaleciam as soluções consideradas apropriadas pelo grupo todo, como expressão das compreensões geradas.

Ainda explorando a relação entre as imagens e o ângulo de abertura de 60°, uma atividade envolvia a análise dos ângulos formados entre imagens consecutivas dos espelhos, a fim de avaliar se eram iguais ou não ao ângulo de abertura dos espelhos originais. Em conjunto, os professores manipulavam os espelhos verificando que os ângulos tinham a mesma medida, pois eram opostos, dois a dois, pelo vértice, de forma que totalizavam 360°. Assim, os seis ângulos deveriam ser iguais a 60°. Após essa análise, foi solicitado que abrissem os espelhos em 90°, 60° e 45°, sem utilizar o transferidor. Realizaram com facilidade o que foi pedido, buscando explicar um ao outro os procedimentos realizados. Faziam cálculos relacionados aos ângulos, projetavam situações e analisavam possibilidades, de forma que as falas se emaranhavam umas com as outras, tecendo discursos que descreviam o ocorrido.

Os conceitos geométricos formais envolvidos nas atividades eram utilizados por professores de ambas as disciplinas, revelando a familiaridade com os termos. Ou seja, nenhum conceito ou propriedade trabalhado nos encontros lhes era estranho. Mas a forma como foram abordados no decorrer dessas atividades, os diálogos ocorridos e as trocas possibilitadas foram os diferenciais de um trabalho que procura avançar em direção à interdisciplinaridade, distinguindo-se do tratamento formal da Geometria.

Esse diferencial ganhou força nas atividades seguintes, que envolviam o uso de polígonos de cartolina e caleidoscópios equiláteros de três espelhos, nas quais seriam analisadas as pavimentações do plano por polígonos regulares. Num primeiro momento, foi realizado um trabalho com polígonos de cartolina (Figura 9.10), no intuito de analisar as possibilidades de pavimentar o plano.

Figura 9.10 Conjunto de polígonos de cartolina.

Para determinar os arranjos que pavimentam o plano, deveriam estar atentos para que os polígonos não se empilhassem nem formassem vazios entre si. Em alguns casos, não era possível encaixar um polígono na lacuna formada por outros dois, o que foi constatado pela análise dos ângulos internos dos polígonos regulares, que deveriam perfazer 360° ao redor de um ponto. Assim, os professores buscaram construir algumas pavimentações analisando os ângulos internos dos polígonos envolvidos. Os cálculos e a montagem das pavimentações eram feitos em grupos de três ou quatro professores das duas disciplinas e, em geral, esses grupos compartilhavam os cálculos realizados.

Após esse estudo preliminar das pavimentações, as atividades incidiram sobre o caleidoscópio de três espelhos: um terceiro espelho foi encostado nos outros dois espelhos articulados em 60°, de modo que todos estivessem perpendiculares ao plano da mesa e com as faces espelhadas voltadas para o interior. As imagens obtidas num dos espelhos formavam novas imagens nos outros dois que, por sua vez, eram refletidas no primeiro.

Analisando a geração de imagens, notaram que todas eram congruentes com a base do caleidoscópio (triângulo formado entre os espelhos), ou seja, todos eram "triângulos idênticos". Para estudar o triângulo formado entre os espelhos, tinham réguas e transferidores à disposição, mas não os utilizaram para concluir que o triângulo era "equilátero". Esse triângulo era familiar a todos e foi identificado pelo estudo dos seus ângulos internos. Nos diálogos, buscavam apresentar uns aos outros suas análises.

Para examinarem a reflexão de imagens de um objeto colocado entre os espelhos, manipulavam pequenos círculos, procurando descrever o que visualizavam ao colocar o objeto em diferentes pontos da base (no centro, encostado num espelho, encostado num vértice etc.). Ao receberem uma base equilátera, que consistia num triângulo equilátero com medidas apropriadas para se encaixar na base do caleidoscópio, deveriam visualizar a reflexão de um ponto-objeto no interior. Foram questionados:

> "Onde ele deve ser colocado de modo que a distância entre imagens vizinhas seja sempre a mesma? Existe mais de um lugar onde isso acontece?".

Assim, como na atividade com dois espelhos, os professores não tiveram dificuldade para expressar o que visualizavam no caleidoscópio. Prontamente notaram que o local era o "centro do triângulo da base".

Essa atividade revelou-se importante por ter auxiliado o entendimento das demais atividades, visto que possibilitou uma noção inicial do comportamento das imagens de um ponto entre três espelhos. Os professores marcaram com canetinha segmentos tracejados, unindo o ponto-objeto, que estava no centro da base equilátera, à imagem vizinha e, mesmo antes de visualizarem a base no caleidoscópio, já haviam percebido que se formaria uma pavimentação por hexágonos (Figura 9.11).

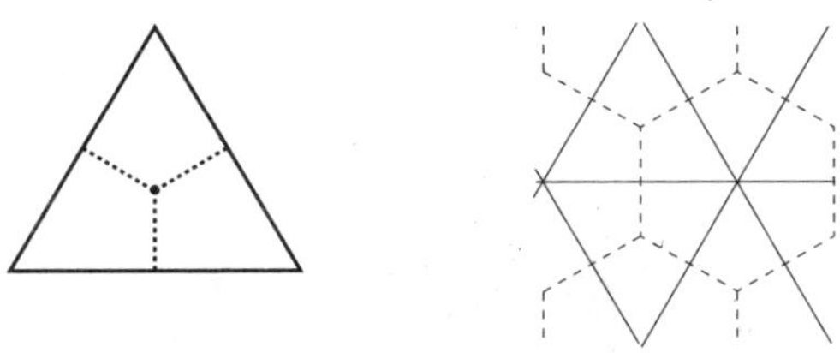

Figura 9.11 Base caleidoscópica e a pavimentação gerada.

As análises seguintes envolveram o estudo da reflexão de uma tira de cartolina no caleidoscópio, representando um segmento na base. Teriam de apontar onde deveria ser colocado o segmento para visualização de uma pavimentação formada por triângulos equiláteros de duas cores (ou com duas regiões). Os professores analisaram diversas posições para o segmento entre os espelhos e logo notaram que, para a visualização da pavimentação (3,3,3,3,3,3), ele deveria ficar sobre uma bissetriz do triângulo equilátero. Desenharam esse segmento na base e pintaram cada região com cores diferentes.

Nessa atividade, de novo suas práticas e ações em sala de aula se explicitaram. Durante a resolução das atividades, surgiu uma preocupação relacionada às exigências que deveriam ser feitas aos alunos para a construção da bissetriz no momento de confeccionar a base, já que ela, nesse caso, poderia ser construída de diversas maneiras: ligando-se o ponto médio de um dos lados ao vértice oposto a ele, dobrando a folha de modo a marcar a bissetriz ou com régua e compasso. Uma professora de Arte perguntou:

> "Faz eles [os alunos] usarem régua e compasso para traçar a bissetriz ou só marca o ponto médio mesmo?...".

Outra professora de Arte, que estava sentada ao lado e desenvolvendo as atividades junto com ela, deu a resposta:

> "Depende do que você está trabalhando, do ano escolar...".

Ela considerou que a exigência de um determinado procedimento dependeria do contexto no qual a tarefa fosse realizada, sendo necessário levar em conta as habilidades que se pretendesse trabalhar junto ao aluno, bem como o ano escolar em que as atividades seriam desenvolvidas. Essas preocupações e análises revelam o cuidado das professoras com a sala de aula e os alunos.

Durante a coloração das bases para a visualização da pavimentação por triângulos equiláteros, uma professora de Arte foi a única a perceber que as linhas do contorno da base não deveriam ser realçadas, pois geraria uma pavimentação por triângulos partidos ao meio (Figura 9.12).

Figura 9.12 Contorno da base.

Ela disse:

> "Não é para reforçar as linhas da base, não é? Senão os triângulos ficam divididos".

Com a sua fala, alguns professores notaram a importância de se atentar para o processo de coloração. Após a indicação dessa professora, testaram suas bases no caleidoscópio para verificar qual pavimentação seria obtida em cada caso, verificando que esse cuidado na coloração era necessário para encontrar a pavimentação desejada.

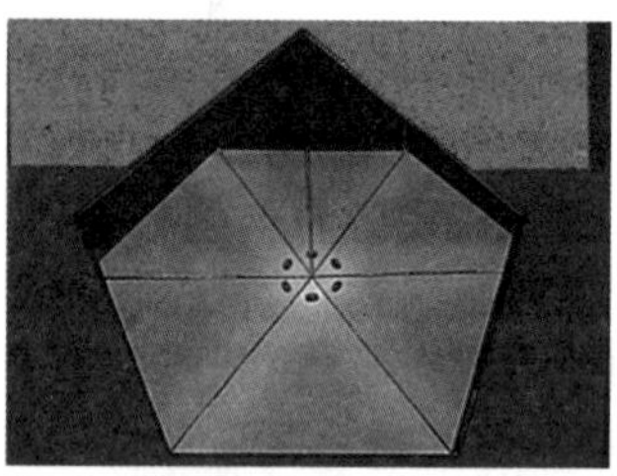

bissetriz no momento de confeccionar a base, já que ela, nesse caso, poderia ser construída de diversas maneiras: ligando-se o ponto médio de um dos lados ao vértice oposto a ele, dobrando a folha de modo a marcar a bissetriz ou com régua e compasso. Uma professora de Arte perguntou:

> "Faz eles [os alunos] usarem régua e compasso para traçar a bissetriz ou só marca o ponto médio mesmo?...".

Outra professora de Arte, que estava sentada ao lado e desenvolvendo as atividades junto com ela, deu a resposta:

> "Depende do que você está trabalhando, do ano escolar...".

Ela considerou que a exigência de um determinado procedimento dependeria do contexto no qual a tarefa fosse realizada, sendo necessário levar em conta as habilidades que se pretendesse trabalhar junto ao aluno, bem como o ano escolar em que as atividades seriam desenvolvidas. Essas preocupações e análises revelam o cuidado das professoras com a sala de aula e os alunos.

Durante a coloração das bases para a visualização da pavimentação por triângulos equiláteros, uma professora de Arte foi a única a perceber que as linhas do contorno da base não deveriam ser realçadas, pois geraria uma pavimentação por triângulos partidos ao meio (Figura 9.12).

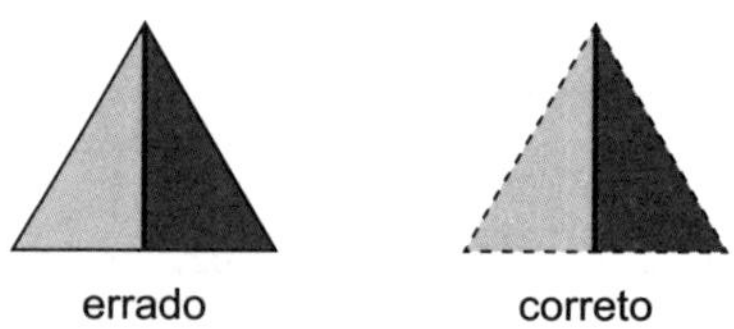

Figura 9.12 Contorno da base.

Ela disse:

> "Não é para reforçar as linhas da base, não é? Senão os triângulos ficam divididos".

Com a sua fala, alguns professores notaram a importância de se atentar para o processo de coloração. Após a indicação dessa professora, testaram suas bases no caleidoscópio para verificar qual pavimentação seria obtida em cada caso, verificando que esse cuidado na coloração era necessário para encontrar a pavimentação desejada.

Em meio às distintas formas de tratamento das atividades propostas, a abertura e a disposição dos professores resultaram em discussões e análises coletivas, possibilitando que cada um apresentasse sua colaboração ao partilhar sua compreensão e ouvir a dos colegas, ao agir e se interessar pelos resultados expostos pelo companheiro. Essa abertura para compartilhar experiências se manifestou no momento seguinte, quando analisaram a possibilidade de marcar segmentos na base equilátera para obter uma pavimentação (3,3,3,3,3,3) com seis cores diferentes. Rapidamente, constataram que deveriam construir as três bissetrizes da base e pintar cada região de uma cor (Figura 9.13).

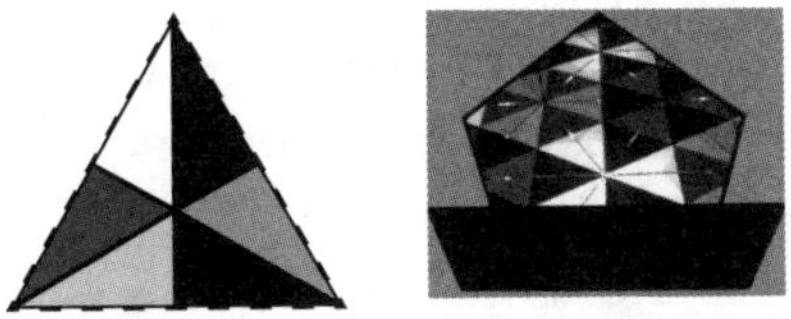

Figura 9.13 Base para visualização da pavimentação (3,3,3,3,3,3).

Essa atividade deu margem a momentos de troca, em que uma professora de Arte se ofereceu para explicar a combinação de cores que usou para colorir sua base. As bases das professoras de Arte chamaram a atenção pela beleza e harmonia das cores. Algumas pareciam ter uma textura diferente, possibilitada pela técnica que usaram para pintá-la. A professora compartilhou seus conhecimentos artísticos, explicando as cores complementares e análogas, e apresentando aos demais professores o círculo cromático. Fez na lousa um esquema, parecido com o da Figura 9.14, para explicar a construção com base nas cores primárias.

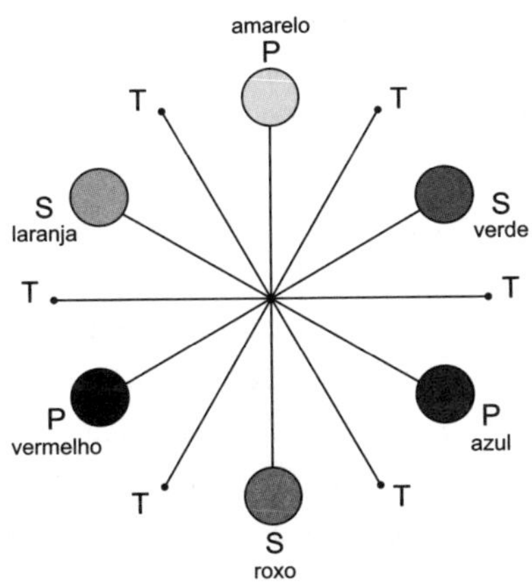

Figura 9.14 Círculo cromático.

Todos prestaram muita atenção à explicação da professora e questionaram sobre outras cores, como marrom, preto, bege etc. A disposição da professora de Arte em apresentar ao grupo o círculo cromático possibilitou um momento singular, em que foram esclarecidas muitas dúvidas. As outras professoras de Arte também explicaram de que modo combinaram elementos, como linhas e cores, para obterem o belo visual no caleidoscópio. Desse modo, estabeleceu-se o contato entre os espectadores e os criadores, possibilitando aos professores compartilhar informações, habilidades e recursos.

A emergência de distintas maneiras de conceber e abordar o conteúdo tratado e os conceitos envolvidos resultou em momentos de atenção para com o outro, e os significados foram sendo negociados por meio de diálogos abertos que envolviam sujeitos situados numa mesma situação em que suas intencionalidades se cruzavam.

Os modos de perceber e sentir, entrelaçados à formação acadêmica de cada professor, destacaram-se em diversos momentos. Mas não foi um fator de isolamento entre eles. Ao contrário, a relação de diálogo se fortaleceu nos momentos em que buscavam apresentar formas de pensar e agir. Isso porque "estar com o outro" propõe a tarefa da comunicação e confere aos envolvidos a dimensão nova do ser intersubjetivo. As coisas se impõem não como verdadeiras para todos, mas como reais para todo sujeito que as percebe, buscando ampliar sua compreensão no movimento de explicitar e compartilhar o compreendido.

Em sala de aula, com os alunos, o trabalho conjunto envolvendo as pavimentações e os materiais apresentados revela-se promissor, pois um trabalho solitário pode se perder no esquecimento diante das dificuldades que encontramos no cotidiano escolar. O fortalecimento dos momentos em que o ser com o outro é cuidado propicia situações de ensino e aprendizagem significativas, que geram interdisciplinaridade. E o cuidado acontece na relação de atenção, no falar e no ouvir, que remetem à intencionalidade de nossas ações. Ao estabelecer uma relação empática com o aluno, procurando entender suas formas de agir e pensar, o professor cria oportunidades para que aconteçam encontros de horizontes de compreensões. Então, ambos, professor e alunos, avançam em "seu ser sendo" pedagógico.

A prática pedagógica de cada professor é única e intransferível. Entretanto, estar com o outro projetando ações, construindo a realidade, é trabalhar na dimensão do intersubjetivo, buscando constituir o objetivo e a objetividade mundana. O envolvimento, o respeito e a disposição para ouvir e discutir revelam uma postura interdisciplinar que tem como característica procurar entender as perspectivas do colega, acreditando que ele também está disposto a aderir a uma prática interdisciplinar.

Palavras finais que não encerram a discussão

Na atitude fenomenológica, o sentido da escola se dá no cotidiano daqueles que a vivenciam. Negar essa realidade é tentar avançar sem considerar o solo onde estamos. Sabemos das difíceis condições que os professores enfrentam, mas a relação dos professores com os conteúdos que lecionam pode vir a se transformar quando têm oportunidades para ampliar as possibilidades de abordá-los, podendo analisar formas de inseri-los no mundo-vida da sala de aula.

Dessa forma, quando o que se busca é um trabalho que transcenda a mera exposição de conteúdos e que possibilite um enfoque interdisciplinar, parece-nos imprescindível não somente dispor de recursos alternativos. É preciso que a ênfase recaia nas ações e na construção conjunta dos sujeitos da ação, num processo que valorize a percepção e a expressão dos sentidos. Em sala de aula, o professor pode mediar esse processo "ouvindo" os significados que emergem da ação dos alunos, sistematizando as ideias que surgem, estimulando o ato criador e outras formas de manifestação do compreendido.

Pudemos perceber que o uso de materiais manipulativos nos encontros com professores foi um condutor das atividades porque possibilitou avançarmos na produção do conhecimento, na medida em que o ambiente que permeava as atividades de ensino era de coparticipação, no qual nenhum conhecimento era mais ou menos importante, mas suas ligações revelavam formas de olhar para as possibilidades de abordar os conteúdos trabalhados.

Consideramos que o papel do professor é o de desenvolver situações para que a Geometria se mostre nos diferentes aspectos e nas diversas perspectivas em que ela se dá no mundo: na natureza, num objeto, numa obra de arte, na Matemática. Esperamos colaborar com o trabalho docente ao apresentar, mesmo que brevemente, uma possibilidade de se abordarem conceitos geométricos em sala de aula por meio das pavimentações do plano.

Envolver Arte e Matemática no estudo desse tema possibilitou que os modos de ser e agir de cada professor se destacassem em diversos momentos, permitindo que compartilhassem ideias e experiências. Estivemos atentos ao diferente e buscamos ser flexíveis para visualizar novos rumos.

Entendemos que um trabalho que visa ultrapassar os limites impostos pelas disciplinas exige uma postura de reconhecimento do outro e dos seus modos de ser, de maneira que não haja espaços e tempos culturais privilegiados que permitam julgar e hierarquizar – como mais corretos ou mais verdadeiros – complexos de explicação e convivência com a realidade que nos cerca (D'Ambrosio, 1997).

Como observação para finalizar este capítulo, enfatizamos que não entendemos que trabalhar atividades com pavimentação, explorando intuições, seja suficiente para se trabalhar a Geometria em sua dimensão científica, abrangendo competências específicas do conhecimento geométrico. São atividades apresentadas por se mostrarem desencadeadoras de compreensões possíveis em Geometria e por propiciarem atmosferas favoráveis ao diálogo científico e à construção coletiva do conhecimento. Entretanto, também entendemos que essa construção sempre requer um trabalho individual, crítico e reflexivo, e que abre possibilidades para se avançar em direção à idealização dos objetos geométricos, bem como para a formalização e a categorização dessa ciência.

Parte IV

Descortinando possibilidades para trabalhar-se fenomenologicamente em Educação Matemática

Capítulo 10

Possibilidades pedagógicas

Maria Aparecida Viggiani Bicudo

Ao finalizar este livro, produzido na historicidade do grupo de pesquisa Fenomenologia em Educação Matemática (FEM), comprometido com a Educação em diferentes perspectivas – como "pro-jeto" educador; como ensino e aprendizagem vividos, analisados e refletidos no próprio movimento de acontecer; como construção de conhecimento e respectivo dar-se conta dessa construção; como educação escolar, em que a realidade da escola e dos processos de escolarização mostram-se significativos –, enfrento a difícil tarefa de dar conta do realizado.

E o que foi efetuado? Nossa intenção se voltou para filosofar sobre a Educação Matemática, expondo compreensões sobre Filosofia da Educação e Filosofia da Matemática, numa visão fenomenológica, bem como para trazer compreensões sobre Aritmética e Geometria nessa mesma perspectiva. Mais do que isso, buscamos elucidar modos possíveis de trabalhar fenomenologicamente com conteúdos de Matemática concernentes a essa disciplina e modos de se proceder pedagogicamente.

Que possibilidades se anunciaram nessa nossa trajetória? Passo, a seguir, a apresentá-las nas dimensões da Filosofia da Educação Matemática, de concepções de realidade matemática e, nesse enfoque, destacarei a Aritmética e a Geometria, e algumas maneiras de desenvolver atividades pedagógicas referentes a esses aspectos.

A Filosofia da Educação Matemática, segundo uma postura fenomenológica, destaca as ações concernentes ao filosofar, na medida em que sua meta é dar conta do realizado no âmbito da Educação Matemática. Esse "dar conta" requer que seja colocada em foco a experiência vivida pelo pesquisador matemático, ao estar com a Matemática e a comunidade de matemáticos, e pelo professor, ao estar com os alunos e a Matemática, num processo de ensinar e aprender. Em suas ações e diferentes perspectivas e modalidades, ambos vivem a experiência de constituir objetualidades matemáticas.

A atividade do professor requer que esteja sempre atento ao que ele mesmo e os alunos estão efetuando e, ainda, que vá além, ou seja, que busque explicitar o que vivencia e ouça o que os alunos dizem sobre suas vivências. O ato de explicitar o experienciado, entendido como o realizado, e a percepção da realização no próprio movimento de ocorrência da atividade transcendem a ação empírica que concerne o "fazer" e o saber "como fazer". Na dimensão fenomenológica, há o ato de dar-se conta do que se faz e de como se faz. Aqui está o âmago da postura fenomenológica: focar a percepção e o percebido no movimento dos atos da consciência, envolvendo sempre o fundo em que a percepção se dá, o mundo-horizonte, os cossujeitos presentes nesse mundo e a subjetividade do sujeito que percebe.

A explicitação do percebido dá-se pela fala, que indica o visto. A expressão dessa fala pode ocorrer por meio de várias linguagens: gestual, proposicional, oral, escrita, gráfica, escultural, musical etc. Desse modo, a linguagem se apresenta como o meio pelo qual as atividades docentes se desenrolam. Há diálogos abertos e mantidos pela empatia entre os agentes do ensino e da aprendizagem, nutridos pelos conteúdos trabalhados nas atividades pedagógicas, desenvolvidos e sustentados pela inteligibilidade que se apresenta mediante a comunicação articulada.

Conforme entendo, esses dois últimos parágrafos representam o cerne da atividade docente. Colocam em cena professor, aluno, conteúdos de ensino, modos de dizer o percebido e a linguagem que explicita o compreendido e o comunica. Porém, essa atividade transcorre em contextos sociais e culturais; em dimensões do conhecimento científico e do conhecimento cotidiano; no presente e em perspectivas temporais e históricas. Esses contextos estão enredados na realidade em que a atividade pedagógica do professor é efetuada, na forma de mundo-vida, horizonte harmônico em que o sentido das coisas e da realidade mundana se presentifica. Portanto, a Filosofia da Educação

Matemática, efetuada numa postura fenomenológica, é compreendida como uma totalidade: mundo vida, ciência, neste caso, Matemática, atividades de ensino e de aprendizagem, ambiente de escolarização, pessoas enredadas na trama do mundo da Educação e da Matemática.

Percebo a trama e os fios que a sustentam. Percebo a intencionalidade de indivíduos, de grupos, da cultura que a tece. Percebo o movimento que efetua no processo de sua constituição, efetivando a historicidade do mundo-vida, superpondo e emaranhando camadas de sentido. Por onde começar? Há um começo?

Com a Fenomenologia, afirmo que não há um começo, entendido como o que ocorreu primeiro. Há uma perspectiva de onde se olha. Há um ponto zero, dado pelo corpo-próprio, que viabiliza a perspectiva. Não é uma perspectiva traçada com base em linhas e ângulos tomados como apriorismos teóricos, mas materializada na carnalidade do corpo-próprio, que sempre está situado no mundo-horizonte, carregando no olhar a figura e o fundo, a intencionalidade que concretiza a visualização e o tempo/espaço vividos.

Coloco-me, assim, na perspectiva da Educação escolar, visando o processo de escolarização em que a Matemática comparece como uma importante área do conhecimento humano.

A escola, o lugar em que a educação se dá, é uma instituição social cuja finalidade explícita é educar, formar pessoas para o convívio em sociedade, capacitar pessoas para o mundo do trabalho. Esse é o significado social que lhe é atribuído. Mas como esse significado é trabalhado no mundo escolar? Há possibilidades de ser tratado de diferentes maneiras? Focarei possibilidades que antevejo na maneira fenomenológica de compreender a realidade.

Ao assumir a atitude fenomenológica, trabalha-se com a busca do sentido que o mundo-vida faz para as pessoas. No mundo escolar, o alvo é perseguir o sentido que a escola faz para alunos e professores, bem como para as demais pessoas que convivem com essa comunidade e fazem parte dela. O sentido se dá no real vivido, no presente, no modo de estar junto com as pessoas e os programas pertinentes à escolarização. O ponto de partida é o momento presente. Ele também pode ser o de chegada. Mas não é pontual. Estende-se numa dimensão de futuro e de passado, de temporalidade, unificando-se numa totalidade de acontecimentos cuja compreensão é fruto de um olhar atento, interrogador, que enlaça camadas de sentido vindas com o mundo-horizonte percebido e fornece o fundo em relação ao qual o percebido se destaca.

Quero dizer com isso que a escola se dá a conhecer no cotidiano vivido de forma atenta pelos sujeitos e seus companheiros, que participam das ocorrências desse cotidiano. Há o movimento da síntese passiva, quando sentidos e significados se põem, estando aí, no entorno, na circunvizinhança do mundo-vida escolar. São os modos de organização do tempo e do espaço das atividades de ensino e de aprendizagem, são as legislações que determinam procedimentos, é o edifício, é a vizinhança do prédio, a comunidade que envolve a escola. São os programas a serem cumpridos, os currículos que dispõem as disciplinas e a forma de trabalhá-las. Esse, o fundo. O caldo que envolve o mundo-vida e a escola. Com ele também vem o se dar conta do que, do como e do por que efetuamos as ações e desenvolvemos atividades específicas, movimentados pela intencionalidade dirigida ao que se faz. Vêm as perguntas, as dúvidas, os desconfortos, a busca de melhorias. De modo intencional, procuramos dar conta: das nossas ações, dos programas, dos currículos.

Volto à Educação Matemática. Como e por que realizá-la?

Entendida na perspectiva fenomenológica, a Educação abrange a formação da pessoa. Formação concebida como "pro-jeto" de possibilidades que se atualizam, definindo estilos e modos de ser da pessoa. A educação escolar realiza um afunilamento em termos dessa maneira de compreender a formação, na medida em que trabalha com um projeto pedagógico. Este aponta direções, consideradas positivas, para a atualização das possibilidades das pessoas e daquelas referentes às áreas do conhecimento, e, nessas áreas, as disciplinas. Indica posturas, modos de relacionamentos, procedimentos para conduzirem o ensino e a aprendizagem.

Esse afunilamento se dá em relação ao contexto histórico e cultural em que a escola está situada e às demandas da sociedade. Observo que, na atualidade, na cultura brasileira, é palavra de ordem os projetos pedagógicos apontarem como uma de suas metas "a formação do cidadão". Mas o que é ser cidadão? A resposta é dada como suficiente e sobejamente conhecida por todos: é o homem/mulher capaz de viver com os outros numa sociedade democrática. Esse é um exemplo de uma direção apontada por um eventual projeto pedagógico e de como afunila a formação da pessoa, entendida numa dimensão mais ampla. Mas também é um exemplo, ao mostrar as perguntas formuladas, de como se sai da síntese passiva, buscando-se dar conta da compreensão do que se faz.

No âmbito do projeto pedagógico comparecem as disciplinas, as atividades de ensino e de aprendizagem, as concepções de ciência, de realidade, portanto, de conhecimento, organizadas no currículo proposto. Desde os primeiros anos escolares do Ensino Fundamental, no Brasil, a Matemática está presente no currículo de modo destacado.

Por quê? É notório que a Matemática é concebida como ciência exata, tida como alicerce das ciências e das tecnologias do mundo moderno e contemporâneo. Mas o que é ciência? E qual o sentido de "exata"? Por que alicerce? Esse é o único modo de ela se dar a conhecer: como ciência e como exata? Essa é a razão da sua importância no currículo? Como incluir a Matemática no movimento de formação da pessoa que também se dá no curso da realização do currículo que, por sua vez, está contextualizado no projeto pedagógico de uma escola específica?

Esse é o nó da trama. E o caminho para desatá-lo nos leva a compreender o significado de Educação Matemática.

Fenomenologicamente, o currículo é entendido como o movimento em curso de um projeto educacional. É visto como poiésis, no sentido de abrir-se às possibilidades de criação mediante atos criadores realizados de maneira intencional por sujeitos situados. São atos que ocorrem num solo histórico ao qual comparecem a historicidade do indivíduo e a da cultura. As atividades realizadas e em processo de atualização seguem um curso, um caminho articulado, de modo que não são pontuais. São enredadas umas nas outras e todas seguem em direção à formação da pessoa, tanto em termos mais amplos como de aquisição de competências específicas, visando tanto sua inserção no mundo-vida da ciência e da tecnologia presentes na prática social como sua abertura ao espírito da cultura.

Portanto, assim entendido, o currículo não prescinde de uma direção, de programas de atividades que visam a construção do conhecimento, de habilidades e competências desejadas, vinculadas ou não às disciplinas específicas. Entretanto, é articulado, compondo uma totalidade em que se trabalha com a transdisciplinaridade e com o "transfazer". Significa que as atividades e os conhecimentos disciplinares são construídos num trabalho pedagógico que busca explorar possibilidades de "fazer sentido" para professores e alunos, na dimensão da realidade mundana e da ciência.

Assim, é preciso que a Matemática no currículo escolar faça sentido em suas várias perspectivas: como ciência construída na historicidade das relações homem-mundo, como conjunto de práticas específicas, por exemplo, contar, medir, posicionar-se em relação a direções e distância; como conhecimento que sustenta tecnologias presentes no cotidiano mundano e com as quais devemos operar de uma maneira ou de outra, por exemplo, sendo usuários de máquinas e seus programas, ou técnicos que operam com as máquinas; efetuando uma "síntese passiva", mediante a qual somos envolvidos no caldo grosso que nutre e movimenta o mundo-vida; como linguagem; como formas que se presentificam em outras áreas do conhecimento humano.

Portanto, a Matemática deve ser trabalhada em diferentes perspectivas, articuladas com os modos como outras áreas de conhecimento e suas respectivas disciplinas se mostram no mundo escolar.

O trabalho pedagógico que tem como fundo a atitude fenomenológica assumida pelo professor – e aqui entendo que também pela escola ao mantê-la presente no seu projeto pedagógico – manifesta-se no respeito e na atenção ao outro, na preponderância do diálogo entre cossujeitos mantido na abertura empática, na dimensão da linguagem, tanto na presente ao cotidiano como naquela da ciência e da arte, na prática de ouvir de maneira atenta o que o outro diz.

Coloco agora em foco a Matemática a ser trabalhada no cotidiano escolar, no contexto do currículo e na disponibilidade da atitude fenomenológica.

Tomo a Matemática como ciência, na perspectiva da sua constituição no mundo ocidental. Entretanto, sabemos que não se pode pensar num início de sua história, no sentido fatual. Como já vimos nos capítulos precedentes, a Matemática é uma tarefa monumental, que se estende por milênios de História, por quase todos os povos da Terra, que não só dialoga com as ciências, a Física em particular, mas também com as práticas e necessidades cotidianas. Sua história não é a crônica esterilizada dos textos didáticos ou profissionais, mas a de uma gênese muitas vezes difícil, que quase nunca segue encadeamentos lógicos e que com frequência se faz pouco a pouco e aos solavancos. Por exemplo, a gênese dos métodos infinitesimais, da Álgebra, do tratamento matemático do infinito, dificilmente é discernida nos textos dessas disciplinas. Suas gêneses aparecem assim alienadas da nossa vida. Fazer a Matemática emergir da sua história parece a forma factível de lhe devolver seu sentido vivencial. Sem o solo de sua historicidade, a Matemática se esvazia de sentido e permanece presa aos esquemas rigidamente formais que escamoteiam a dinâmica do seu desenvolvimento conceitual.

Entretanto, de forma inconsequente, tem acontecido uma popularização da abordagem da História da Matemática em livros didáticos aqui no Brasil. Constata-se que houve um enxerto pontual de seus tópicos, desconexos dos conteúdos, minimizando as possibilidades de utilizar essas ideias para facilitar a compreensão dos conceitos trabalhados.

É importante compreender que cada cultura tem sua verdade, que não é absoluta, tampouco subjetiva. Essa verdade se refere à manifestação do que se mostra, ao desvelamento da verdade do ser. Ocorre na articulação do sentido e do significado e, por meio da linguagem, é levada à presença de comunidades de diferentes épocas.

No caso da Matemática, também ela não é dona de uma única verdade e de um único modo de expressar ideias e efetuar práticas. Numa mesma cultura, como a europeia, a maneira de compreender a Matemática e de praticá-la se modifica. Não significa superação ou substituição de uma verdade por outra, porém revela facetas que se mantêm válidas conforme a solicitação de um contexto determinado. Não significa relativismo, mas quer dizer que há modos de ver e de fazer apropriados ao "o quê" do solicitado. Por exemplo, a Geometria euclidiana coexiste com as outras geometrias. Uma não é mais verdadeira do que a outra. Além de uma trazer em si camadas de sentidos que revelam concepções das anteriores, também são mais ou menos apropriadas para determinadas situações. O que ocorre numa cultura também ocorre quando olhamos culturas diferentes. Há maneiras de ver, de conceber e de expressar realidades, inclusive a Matemática, que não admitem comparações. Comparações sempre solicitam padrões em relação à avaliação efetuada. Que padrão escolher? Por que um em detrimento de outro?

Tomando-se a cultura do mundo ocidental na época moderna, o que se revelou como importante, que passou a ser considerado nessa cultura como verdadeiro?

Os valores de exatidão e de neutralidade imperaram no seu espírito cultural, impondo-se à prática científica. Nesse cenário, a Matemática foi exemplar e contribuiu com a lógica de sua construção e com concepções de espaço geométrico, tal como apresentado na Geometria euclidiana, de forma que a concepção do que é exato foi desenvolvida com base agora num espaço exato, isto é, não passível de sofrer as vicissitudes do tempo e do espaço mundanos, mas concebido na abstração permitida pela Geometria. A ideia de exatidão foi aperfeiçoada e mantida com a possibilidade da quantificação. O enfoque quantitativo foi priorizado durante a elaboração da ciência moderna no Ocidente e determinou uma concepção quantitativa da Matemática, de tal maneira que, no cotidiano, é comum as pessoas confundirem Matemática com quantificação, e certeza com a certeza matemática, explícita no ditado "tão certo quanto dois e dois são quatro". Essa visão quantitativa subsidiou a escolha de certos conteúdos matemáticos que vieram a constituir os currículos escolares, enfatizando a visão utilitária destes.

Exatidão e quantificação, acrescidas da lógica da construção do conhecimento matemático, enfatizando aqui a estrutura do corpo de conhecimento científico, sustentada pela formalização e categorização, conduziram à compreensão da Matemática, bem como à sua aplicação, tornando-a vista e praticada como ciência esterilizada das experiências subjetivas. A Matemática foi de tal maneira depurada das ocorrências mundanas que a busca pela realidade dos objetos matemáticos encontrou obstáculos para ser conduzida por um caminho que permitisse compreendê-los como construção histórico-cultural efetuada por ocorrências humanas e mundanas. Muitos autores de Filosofia da Matemática e matemáticos, ainda hoje, concebem-na separada do mundo, assumindo uma visão platônica dessa realidade. Tal visão dificultou a compreensão do sentido da Matemática, da sua construção e, dada a dificuldade encontrada na busca de vê-la e tratá-la como construção humana, houve uma ênfase em atividades utilitárias, privilegiando-se, no currículo escolar, trabalhos com materiais concretos para exemplificar formas e, com aplicações, para justificar sua utilidade.

No entanto, o aspecto quantitativo da Matemática não é o único possível, e durante o século XX constataram-se as limitações das técnicas imbuídas dessa concepção. Atualmente, busca-se compreender o surgimento de padrões nas mais diversas áreas do saber, por exemplo, na ecologia e nos estudos ligados à turbulência.

Para a Fenomenologia, a ciência, e em seu âmbito a Matemática, tem suas raízes no mundo-vida, nas relações homem-mundo, no horizonte de sua história. Como já vimos antes, a ciência é um conhecimento de segunda ordem. Há então uma inversão entre essa concepção e a que é imperante, por exemplo, na cultura ocidental da época moderna. Aí a ciência é tida como conhecimento de primeira ordem e dela emanam as proposições verdadeiras ou os modelos aplicáveis ao mundo humano, para explicá-lo. Fenomenologicamente, o primado do conhecimento é a percepção que traz para os atos da consciência o percebido e seu fundo, portanto, toda a historicidade do mundo-vida.

Deparamo-nos hoje, na Educação Matemática escolar, com uma prática que busca inserir a Matemática no contexto em que a criança vive e trazer exemplos que são de sua vida. Mas essa prática pode mascarar uma visão de Matemática que a concebe como transcendente ao mundano. Nossa visão é que devemos, sim, trabalhar com vivências de experiências matemáticas, porém sempre focando o eixo percepção-percebido.

Quero enfatizar que esse conhecimento primeiro abre o horizonte do sentido, da compreensão de noções matemáticas, mas não dá conta da construção dessa ciência. Para tanto, há os movimentos de idealização, formalização e categorização. Há as camadas de sentido e de formalização das idealizações ocorridas ao longo da História da Matemática. O mundo-vida, onde as experiências são vivenciadas, é observado sob diversas perspectivas e, com elas, o horizonte que se abre. É como se olhar um caleidoscópio. Vê-se o aluno dos primeiros anos escolares do Ensino Fundamental, foca-se o mundo-vida onde ocorrem experiências de numeração e de posições espaciais, destaca-se a dimensão do conhecimento pré-predicativo, o movimento intencional do corpo-próprio, as palavras que dizem, o discurso que articula o dito sobre o vivido e compreendido. Tomando-se o matemático em seu trabalho, o mundo-vida é o da Matemática. Suas vivências ocorrem na dimensão do entendimento da teoria e do sentido que ela faz, dado o movimento intencional que o leva a estar com a Matemática e com campos teóricos específicos. Em ambos os casos há intuição, evidência, visão clara, expressões do percebido.

Também os matemáticos têm modos de expressão que poderíamos denominar de pré-preposicionais. Como exemplo, trago o que em capítulos prévios foi citado a respeito de situações em que o matemático, ao explorar o diagrama, busca aquilo que o diagrama lhe diz. A evidência dada na figura ilumina a expressão de algo que é proposto no enunciado de um problema. Considerada em seu estado inicial ou informal, a análise não exige o rigor da linguagem e dá como que uma licença para afirmar o percebido. Na conversa entre matemáticos, são comuns expressões como o "rabinho da função", relativa àquela parte de um gráfico que se busca entender. Essa fala informal revela como o matemático investiga o objeto matemático "função" e, no traçado do gráfico, como tenta compreender seu comportamento ou mesmo discuti-lo. Inicia-se, na exploração perceptiva, um processo de organização e comunicação. O "rabinho da função" expõe-se na oralidade, mas é trabalhado pelo matemático para ser enunciado na linguagem escrita, aquela que é aceita e compreendida pela comunidade matemática.

Do que dissemos antes sobre a compreensão das possibilidades que se abrem ao trabalho fenomenológico com Educação Matemática, poderiam ser destacadas concepções sobre escola, educação, Matemática, conhecimento; sobre atitudes assumidas ao se estar com o aluno, com os cossujeitos, com a Matemática. Essas concepções apontam para as experiências vividas que são nucleares ao movimento de "fazer sentido", quando é constituído o conhecimento de primeira ordem sobre a realidade. Daí a importância de se privilegiarem aquelas atividades de ensino e de aprendizagem da Matemática que trabalham com o conhecimento pré-predicativo e os diferentes modos de expressar o assim compreendido.

Entendemos que o conhecimento denominado científico, e com ele o da Matemática, é de segunda ordem porque repousa sobre aquele, na medida em que é constituído sobre as camadas de sentido que vão se fazendo. Trata-se de um processo que avança sobre essas camadas em busca da constituição de idealidades e de maneiras de tratá-las e apresentá-las de modo formal. Para tanto, a expressão dessa formalização requer uma linguagem elaborada, apropriada para expor o que foi compreendido em relação às regiões de inquérito específicas. Estas mantêm correspondência com o que se mostra ao olhar, segundo uma perspectiva que interroga o mundo. Nesse caso, ao se focalizar o conhecimento da ciência, ainda que sempre o modo pré-predicativo de conhecer se faça copresente, estamos em regiões de inquérito e formas de produção do conhecimento que solicitam que se trabalhem com as idealidades e os processos de formalização.

Em termos de Educação Matemática, o que se mostra com vigor é a compreensão de que a Matemática é um conhecimento pré-predicativo e é ciência. Como ciência, é constituída historicamente e contém camadas de sentido, idealizações sobre idealizações, formalizações sobre formalizações, linguagens estruturadas sobre um sistema lógico elaborado há séculos. Revela um modo de relação homem-mundo que privilegia aspectos da realidade que se mostram importantes em diferentes culturas e épocas, em diferentes formas de expressão.

Nesse enfoque, a exatidão, por exemplo, proclamada como aspecto essencial à Matemática, e entendida também como quantificação e como base da certeza e da verdade, perde o destaque. Seu significado e importância se revelam no sistema de concepções com o qual se está trabalhando. Assim, não se trabalha com um modo de ver, uma verdade melhor e acima de outras, mas com formas de compreender e dizer que fazem sentido em contextos teóricos ou não. Com isso, abrem-se possibilidades de se trabalhar teorias diferentes, na medida em que se compreende o seu significado no contexto em que respondem a solicitações e problemas específicos. Abrem-se possibilidades também de se aceitar outras maneiras de expressar a realidade matemática apresentadas por outras culturas.

Fenomenologicamente, busca-se o sentido. Isso quer dizer que é preciso explicar o que se faz, porque se trabalha com esta ou aquela concepção, para este ou aquele contexto. É uma postura de humildade, pois não se trabalha com uma verdade que dita o norte. É uma postura de respeito por si e pelo outro, pelo semelhante e pelo diferente. É uma postura em que estamos atentos ao que dizemos e ao que é dito pelo outro, em que consideramos a relevância da intersubjetividade para manter e acolher a subjetividade e a objetividade. Em que assumimos a intencionalidade da consciência que opera no mundo-horizonte, constituindo-se a si mesma e a ele, o mundo-horizonte, num movimento dialético e histórico.

Sobre o grupo Fenomenologia em Educação Matemática (FEM)*

O trabalho efetuado por esse grupo atinge um público diversificado e amplo, de diferentes modos e níveis. Pelas publicações das investigações efetuadas, por meio de artigos em periódicos científicos, de divulgação científica, de apresentações em eventos científicos nacionais e internacionais, atinge a comunidade de pesquisadores e de profissionais da área de Educação e, mais fortemente, da de Educação Matemática. Por intermédio de livros, chega a um público mais amplo que aquele especificamente interessado em investigações científicas nas áreas indicadas. Pelo trabalho de docência e de orientação realizado por todos os seus componentes está presente na formação de alunos das instituições de Ensino Superior, Médio e Fundamental onde desenvolvem suas atividades profissionais.

Em termos de investigação científica, seus resultados repercutem na Filosofia da Educação Matemática, evidenciando a linha de pensamento fenomenológica, no que concerne às visões: de conhecimento e de realidade; de conhecimento matemático e de realidade do objeto matemático; de constituição existencial do pré-reflexivo; das ideias de numeração e de geometria; da linguagem: desdobramento da compreensão existencial; da temporalidade no horizonte da constituição da aritmética e da geometria; do tempo vivido na forma/ação do professor de matemática. Atuam na área de conhecimento da Educação, no que diz respeito ao fenômeno da educação, e na pesquisa, no que diz respeito aos procedimentos de pesquisa qualitativa e respectivos embasamentos filosóficos.

* Para mais informações: <www.sepq.org.br/nucleos/avancado/FEM>.

Sobre os autores

Claudemir Murari
Professor doutor do departamento de Matemática da Universidade Estadual Paulista (Unesp) – Rio Claro. Doutor em Educação Matemática pela Unesp – Rio Claro.

Fabiane Mondini
Mestre em Educação Matemática pela Unesp – Rio Claro. Doutoranda em Educação Matemática na Unesp – Rio Claro. Bolsista do Conselho Nacional de Desenvolvimento Científico e Tecnológico (CNPq). Membro do grupo de pesquisa Fenomenologia em Educação Matemática (FEM), vinculado ao CNPq.

Jairo José da Silva
Professor titular do departamento de Matemática da Unesp – Rio Claro. Pesquisador do CNPq. Doutor em Matemática pela Universidade Estadual de Campinas (Unicamp).

Luciane Ferreira Mocrosky
Professora da Universidade Tecnológica Federal do Paraná (UTFPR) – Curitiba. Mestre em Educação Matemática pela Unesp – Rio Claro. Doutoranda em Educação Matemática na Unesp – Rio Claro. Bolsista do CNPq. Membro do grupo de pesquisa FEM.

Maria Aparecida Viggiani Bicudo
Professora titular de Filosofia da Educação na Unesp. Professora do Programa de Pós-Graduação em Educação Matemática da Unesp – Rio Claro. Pesquisadora do CNPq. Coordenadora do grupo de pesquisa FEM.

Maria de Fátima Teixeira Barreto
Professora da Universidade Federal de Goiás (UFG). Doutora em Educação Matemática pela Unesp – Rio Claro. Membro do grupo de pesquisa FEM.

Maria Queiroga Amoroso Anastacio
Professora da Universidade Federal de Juiz de Fora (UFJF). Doutora em Educação pela Unicamp. Membro do grupo de pesquisa FEM.

Marli Regina dos Santos
Professora da Universidade Federal de Viçosa (UFV). Mestre em Educação Matemática pela Unesp – Rio Claro. Doutoranda em Educação Matemática na Unesp – Rio Claro. Membro do grupo de pesquisa FEM.

Roger Miarka
Mestre em Educação Matemática pela Unesp – Rio Claro. Doutorando em Educação Matemática na Unesp – Rio Claro. Bolsista da Fundação de Amparo à Pesquisa do Estado de São Paulo (Fapesp). Membro do grupo de pesquisa FEM.

Rosa Monteiro Paulo
Professora do Programa de Pós-Graduação em Ensino de Ciências e Matemática da Universidade Cruzeiro do Sul (Unicsul). Doutora em Educação Matemática pela Unesp – Rio Claro. Membro do grupo de pesquisa FEM.

Tânia Baier
Professora da Universidade Regional de Blumenau (Furb). Doutora em Educação Matemática pela Unesp – Rio Claro. Membro do grupo de pesquisa FEM.

Verilda Speridião Kluth
Professora da Universidade Federal de São Paulo (Unifesp). Doutora em Educação Matemática pela Unesp – Rio Claro. Presidente da Sociedade de Estudos e Pesquisa Qualitativos (SE&PQ). Membro do grupo de pesquisa FEM.

REFERÊNCIAS BIBLIOGRÁFICAS

ALES BELLO, A. *Husserl et le Science*. Roma: La Goliardica Editrice Universitaria di Roma, 1986.

______. *Introdução à fenomenologia*. Bauru: Edusc, 2006.

ALMEIDA, S. T. *Um estudo de pavimentações do plano utilizando caleidoscópios e o* software *Cabri-Géomètre II*. Dissertação de Mestrado em Educação Matemática – Instituto de Geociências e Ciências Exatas, Universidade Estadual Paulista, Rio Claro, 2003.

ANASTÁCIO, M. Q. A. *Três ensaios numa articulação sobre a racionalidade, o corpo e a educação na Matemática*. Tese de Doutorado em Educação – Faculdade de Educação, Universidade Estadual de Campinas, Campinas, 1999.

______. O corpo e a Matemática: uma concepção merleau-pontyana e conhecimento. *Boletim de Educação Matemática*, ano 16, n.20, 2003, p.56-73.

BAIER, T. *O nexo "geometria fractal – produção da ciência contemporânea" tomado como núcleo do currículo de Matemática do Ensino Básico*. Tese de Doutorado em Educação Matemática – Instituto de Geociências e Ciências Exatas, Universidade Estadual Paulista, Rio Claro, 2005.

BARBOSA, R. M. *Descobrindo padrões em mosaicos*. São Paulo: Atual, 1993.

BARRETO, M. F. T. *O tempo vivido pelo alfabetizando adulto nas aulas de Matemática*. Tese de Doutorado em Educação Matemática – Instituto de Geociências e Ciências Exatas, Universidade Estadual Paulista, Rio Claro, 2005.

BARRETO, M. F. T. et al. *Tema gerador de discussão*: contextualizando a Matemática em sala de aula. Relatório de Pesquisa. Goiânia: Cepae-UFG, 2001.

BARRETO, M. F. T., RIBEIRO, P. R. O. *A oralidade e a escrita nas aulas de multiplicação*. Relatório de iniciação científica. Prolicem, Universidade Federal de Goiás, Goiânia, 2007.

BATISTELA, R. F. *Um* kit *de espelhos planos para o ensino de geometria*. Dissertação de Mestrado em Educação Matemática – Instituto de Geociências e Ciências Exatas, Universidade Estadual Paulista, Rio Claro, 2005.

BICUDO, M. A. V. A percepção em Edmund Husserl e em Maurice Merleau-Ponty. *Revista Veritas*, Porto Alegre, v.3, n.3, 1991, p.79-90.

______. Sobre a "Origem da Geometria". *Cadernos da Sociedade de Estudos e Pesquisa Qualitativos*, São Paulo, v.1, n.1, 1993, p.49-72.

______. A contribuição da Fenomenologia à Educação. In: BICUDO, M. A. V., CAPPELETTI, I. (Orgs.). *Fenomenologia, uma visão abrangente da Educação*. São Paulo: Olho d'Água, 1999a, p.11-51.

______. Alfabetização: significados possíveis. In: MICOTTI, M. C. O. (Org.). *Alfabetização: aspectos teóricos e práticos*. Rio Claro: Instituto de Biociências, 1999b.

______. Filosofia da Educação Matemática: um enfoque fenomenológico. In: ______ (Org.). *Pesquisa em Educação Matemática*: concepções e perspectivas. São Paulo: Editora UNESP, 1999c, p.21-44.

______. *Fenomenologia*: confrontos e avanços. São Paulo: Cortez, 2000.

______. *Tempo, tempo vivido e história*. Bauru: Edusc, 2003a.

______. Concepção de história no pensar husserliano. V Seminário Nacional de História da Matemática, Rio Claro, 2003. *Anais*... Rio Claro: SBHM, 2003b, p.125-40.

______. Qualitative Forschung in phänomenologischer Perspektive am Beispeil des Mathematikverständnisses von Kindern und Jugendlichen. In: *Kinder und Jugendliche im Blick qualitativer Forschung*. Kultur historiche Schule, Phänomenologie und Ethnografie. Bernd Fichtner, Maria Teresa Freitas, Roberto Monteiro (Hgg.). Bamberg: Athena-Verlag, 2003c, p.349-56.

______. Eine phänomenologische Untesunchung zum Verstehen von Geometrie. In: *Kinder und Jugendliche im Blick qualitativer Forschung*. Kultur historiche Schule, Phänomenologie und Ethnografie. Bernd Fichtner, Maria Teresa Freitas, Roberto Monteiro (Hgg.) Bamberg: Athena-Verlag, 2003d, p.357-66.

______. *A pesquisa interdisciplinar*: uma possibilidade de construção do trabalho científico/acadêmico. São Paulo: Matemática Pesquisa, v. 10, 2008, p.137-158.

BICUDO, M. A. V., CAPPELETTI, I. F. (Orgs.). *Fenomenologia*: uma visão abrangente da Educação. São Paulo: Olho d'Água, 1999.

BICUDO, M. A. V.; GARNICA, A. V. M. *Filosofia da Educação Matemática*. Belo Horizonte: Autêntica, 2001.

BICUDO, M. A. V., ROSA, M. Mundo-vida: desafios postos pela virtualidade do ciberespaço. III Congresso Internacional de Fenomenologia/I Congresso Luso-Brasileiro de Fenomenologia. Lisboa, 2007. *Anais*... Lisboa: Faculdade de Letras da Universidade de Lisboa, 2007. CD.

BLAIRE, E. *Philosophy of Mathematics Education*. Londres: Institute of Education, University of London, 1981.

BOER, T. *The Development of Husserl's Thought*. Trad. T. Plantinga. The Hague: Martinus Nijhoff Publishers, 1978.

BOYER, C. B. *História da Matemática*. 2.ed. São Paulo: Edgard Blücher, 1996.

BRASIL. Secretaria de Educação Fundamental. *Parâmetros Curriculares Nacionais:* Matemática. Brasília: MEC/SEF, 1997.

______. Secretaria de Educação Fundamental. *Parâmetros Curriculares Nacionais:* Matemática. Brasília: MEC/ SEF, 1998.

BROWN, J, R. *Philosophy of Mathematics: an Introduction to the World of Proofs and Pictures*. Nova York: Routledge, 1999.

BRUNSCHVICG, L. *Las etapas de la filosofia matematica*. Buenos Aires: Lautaro, 1945.

CANÔAS, S. S. *O campo conceitual multiplicativo na perspectiva do professor das séries iniciais (1ª a 4ª série)*. Dissertação de Mestrado em Educação Matemática – Pontifícia Universidade Católica de São Paulo, São Paulo, 1997.

CARR, D. Translator's Introduction. In: HUSSERL, E. *The Crisis of European Sciences and Transcendental Phenomenology*. Trad. D. Carr. Northwestern University Press, 1970, p.xv-xiii.

CARRAHER, T., CARRAHER, D. W., SHLIEMANN, A. L. D. Na vida, dez; na escola, zero: os contextos culturais da aprendizagem matemática. *Cadernos de Pesquisa*, São Paulo, n.42, 1982.

CARVALHO, D. L. *A interação entre o conhecimento matemático da prática e o escolar*. Tese de Doutorado em Educação – Faculdade de Educação, Universidade de Campinas, Campinas, 1995.

CENTURION, M. *Porta aberta* – 4ª série. São Paulo: FTD, 2005. Coleção.

CHOATE, J., DEVANEY, R. L., FOSTER, A. *Fractals*: A Tool Kit of Dynamics Activities. Emeryville: Key Curriculum Press, 1999.

COONEY, T. J. Conceptualizing the Teacher Professional Development. International Congress on Mathematical Education, 8, Sevilha, 1996. *Anais* ... Sevilha, 1996.

COSTA. M. A. *As ideias fundamentais da Matemática e outros ensaios*. São Paulo: Convívio, 1925.

CUNHA, M. C. C. *As operações de multiplicação e divisão junto a alunos de 5ª e 7ª séries*. Dissertação de Mestrado em Educação Matemática – Pontifícia Universidade Católica de São Paulo, São Paulo, 1997.

DAFFER, P. G. O., CLEMENS, R. S. *Geometry: an Investigative approach*. Menlo Park: Addison-Wesley, 1977.

D'AMBROSIO, U. *Etnomatemática*. São Paulo: Ática, 1990.

______. *Transdisciplinariedade*. São Paulo: Palas Athena, 1997.

DANTE, L. R. *Vivência e construção*: Matemática 3ª série. São Paulo: Ática, 2004. Coleção.

DANYLUK, O. *Alfabetização matemática*: as primeiras manifestações da escrita infantil. Porto Alegre: Sulina, 1998.

DERRIDA, J. *A voz e o fenômeno*: introdução ao problema do signo na fenomenologia de Husserl. Rio de Janeiro: Jorge Zahar, 1930.

DETONI, A. R. *Investigações acerca do espaço como modo de existência e da Geometria que ocorre no pré-reflexivo*. Tese de Doutorado em Educação Matemática – Instituto de Geociências e Ciências Exatas, Universidade Estadual Paulista, Rio Claro, 2000.

DROSDOWSKI, G. *Duden*: Das Herhunftswörterbuch. Etymologie der deutschen Sprache. Band 7. Zürich: Meyer Lexikonverlag, 1989.

DUVAL, R. *Sémiosis et pensée humaine:* registres sémiotiques et apprentissages intellectuels. Paris: Peter Lang, 1995.

ERNEST, P. *The Philosophy of Mathematics Education*. Londres: The Falmer Press, 1991.

EVES, H. *Introdução à história da Matemática*. Campinas: Editora Unicamp, 2004.

EWBANK, M. S. A. *O ensino da multiplicação para crianças e adultos: conceitos princípios e metodologias*. Tese de Doutorado em Educação – Faculdade de Educação, Universidade Estadual de Campinas, Campinas, 2002.

FARBER, M. *The Foundation of Phenomenology:* Edmund Husserl and the Quest for a Rigorous Science of Philosophy. Londres: New Brunswick, 2006.

FONSECA, M. C. F. R. A educação matemática e a ampliação das demandas de leitura e escrita da população brasileira. In: ______ (Org.). *Letramento no Brasil:* habilidades matemáticas. São Paulo: Global, 2004, p.11-28.

FREGE, G. *Grundlegen der Arithmetik:* Eine logisch mathematische Untersuchung über den begriff der Zahl. Breslau: Willian Koebner, 1884.

FREUDENTHAL, H. *Mathematics as an Educational Task*. Dordrecht: Reidel Publishing Company, 1973.

GAFFIOT, F. *Dictionnaire Latin/Français*. Paris: Achette, 1934.

GIAQUINTO, M. Epistemology of Visual Thinking in Elementary Real Analysis. *British Journal for the Philosophy of Science*, Londres, v.45, n.3, 1994, p.789-813.

GOMES, M. G. *Obstáculos na aprendizagem matemática: identificação e busca de superação nos cursos de formação de professores das séries iniciais*. Tese de Doutorado em Educação Científica e Tecnológica – Universidade Federal de Santa Catarina, Florianópolis, 2006.

GÓMEZ-GRANELL, C. A aquisição da linguagem matemática: símbolo e significado. In: MACHADO, N. J. *Matemática e língua materna:* análise de uma impregnação mútua. 3.ed. São Paulo: Cortez, 1993.

GOUVEIA, F. R. *Um estudo de fractais geométricos através de caleidoscópio e* software *de geometria dinâmica*. Dissertação de Mestrado em Educação Matemática – Instituto de Geociências e Ciências Exatas, Universidade Estadual Paulista, Rio Claro, 2005.

GRAVINA, M. A. Geometria dinâmica. Uma abordagem para o aprendizado da Geometria. VIII Simpósio Brasileiro de Informática da Educação, Belo Horizonte, 1996. *Anais*... Belo Horizonte: Universidade Federal de Minas Gerais, 1996. p.1-13. Disponível em: <http://athena.mat.ufrgs.br/~portosil/malice/artigo.htm>. Acesso em: 26 jan. 1998.

GRÜNBAUM, B., SHEPHARD, G. C. *Tilings and Patterns*. Nova York: W. H. Freeman and Company, 1987.GUBSER, M. *Time's Visible Surface*: Alois Riegl and the Discourse on History and Temporality in Fin-de-Siècle. Detroit: Wayne State Universiy Press, 2006.

HANNA, G. *Rigorous Proof in Mathematics Education*. Toronto: Ontario Institute of Studies in Education Press, 1983.

HEIDEGGER, M. *A origem da obra de arte*. Trad. M. C. Costa. Lisboa: Edições 70, 1977.

______. *Ser e tempo*. Trad. M. S. Cavalcanti. Rio de Janeiro: Vozes, 1988.

______. *Ensaios e conferências*. Trad. E. C. Leão, G. Fogel e M. S. Cavalcante. Petrópolis: Vozes, 2002.

______. *Serenidade*. Trad. M. M. Andrade e O. Santos. Lisboa: Instituto Piaget, s/d.

HERSHKOWITZ, R., VINNER, S. The Role of Critical and Non-Critical Attributes in the Concept Image of Geometrical Concepts. VII International Conference for the Psychology of Mathematics Education, 1983, Rehovot, Israel. *Proceedings*... Rehovot, Israel: Weizmann Institute of Science, 1983, p.223-28.

HOUAISS, A et al. *Dicionário Houaiss da Língua Portuguesa*. Rio de Janeiro: Objetiva, 2001.

HUSSERL, E. *Formale und Transzendentale Logik. Versuch einer Kritik der Logichen Vernunft*. Freiburg: Niemeyer, 1929.

______. *Ideas relativas a una fenomenologia pura y una filosofia fenomenologica*. México: Fondo de Cultura Económica, 1949.

______. *Phenomenology and the Crisis of Philosophy*. Nova York: Harper & Row Publishers, 1965.

______. *Formal and Transcendental Logic*. Haia: Martinus Nijhoff, 1969.

______. *Philosophie der Aritmetik*: mit erganzenden texten (1890-1901). Den Haag: Martinus Nijhoff, 1970.

______. *The Crisis of European Science and Transcendental Phenomenology*. Evanston, Illinois: Northwestern University Press, 1970a.

______. The Origin of Geometry. In: HUSSERL, E. *The Crisis of European Sciences and Transcendental Phenomenology*. Evanston: Northwestern Press, 1970b, p.353-78.

______. *Philosophie de l'Arithmétique*. Paris: Presses Universitaires de France, 1972.

______. *L'origine de la géométrie*. 2.ed. Trad. J. Derrida. Paris: Presses Universitaires de France, 1974.

______. *La crise des sciences européennes et la phénoménologie transcendentale*. Trad. G. Granel. Paris: Gallimard, 1976.

______. *Cartesian Meditations*: an Introduction to Phenomenology. Tradução de D. Cairns. The Hague: Martinus Nÿhoff, 1977.

______. *Ideen zu einer reiner Phänomenologie und phänomenologischen Philosofie*. Tübingen: Max Niemeyer Verlag, 1980.

______. *La terre ne se muet pas*. Paris: Les Éditions de Minuit, 1989.

______. *Early Writings in the Philosophy of Logic and Mathematics*. Nova York: Springer, 1994a.

______. *A filosofia como ciência de rigor.* Trad. P. M. S. A. Ives. Lisboa: Imprensa Nacional/ Casa da Moeda, 1994b.

______. *A crise da humanidade europeia e a filosofia*. Introd. e trad. Urbano Z. Coleção Filosofia – 41. Porto Alegre: Edipucrs, 1996.

______. Die Urstifung und das Problem der Dauer. Der Ursprung der Geometrie. In: STEINER, U. C. *Husserl*. München: Diederichs, 1997.

______. *De la synthèse passive*. Grenoble: Jérôme Millon, 1998.

______. *Investigaciones lógicas 1*. Trad. M. G. Morente e J. Gaos. Madrid: Alianza Editorial, 1999.

______. *Logical Investigations*. Londres e Nova York: Routledge, 2001.

______. *The Shorter Logical Investigation.* Trad. J. N. Findlay. Londres e Nova York: Routledge, 2001.

______. *Philosophy of Arithmetics*. Nova York: Springer, 2003.

______. *Ideias para uma fenomenologia pura e para uma filosofia fenomenológica*: introdução geral à fenomenologia pura. Trad. M. Suzuki. São Paulo: Ideias & Letras, 2006.

______. *A origem da Geometria.* Trad. M. A. V. Bicudo. Disponível em: <www.sepq.org.br>. Acesso em: 20 dez. 2007.

IFRAH, G. *Os números*: história de uma grande invenção. Trad. S. M. F. Senra. São Paulo: Globo, 1989.

KELLER, A. Making Diagrams Speak in Bhaskara, his Commentary on the Aryabhatiya. *História da Matemática*, n.32, p.275-302, 2005. Disponível em: <www.sciencedirect.com>. Acesso em: 20 ago. 2006.

KERN, I. The Three Ways to the Transcendental Phenomenological Reduction in the Philosophy of Edmund Husserl. In: ELLISTON, F., MACCORNICK, P. (Eds.). *Husserl Expositions and Appraisals.* Notre Dame/Londres: University of Notre Dame Press, 1977.

KLUTH, V. S. *O que acontece no encontro sujeito-Matemática?* Dissertação de Mestrado em Educação Matemática – Instituto de Geociências e Ciências Exatas, Universidade Estadual Paulista, Rio Claro, 1997. Disponível em: <www.sepq.org.br>. Acesso em: 20 dez. 2007.

______. A rede de significados: imanência e transcendência: a rede de significação. In: M. A. V. BICUDO. *Fenomenologia, confrontos e avanços*. São Paulo: Cortez, 2000, p.105-40.

______. A vivência sob o foco fenomenológico da Educação Matemática. I Painel Interinstitucional sobre a Investigação Qualitativa, Juiz de Fora, 2001. *Anais...* Juiz de Fora: Universidade Federal de Juiz de Fora, 2001a, p.12-9.

______. O conhecimento geométrico: trama de vivências corpóreo-socioculturais. In: BICUDO, M. A. V., BELLUZZO, R. C. B. *Formação humana e Educação*. Bauru: Edusc, 2001b, p.357-68.

______. O triângulo e a sala de aula: uma visão fenomenológica da Geometria. *Educação Matemática em Revista*, São Paulo, n.11, dez. 2001c, p.51-61.

______. Dos significados da interrogação para a investigação em Educação Matemática. *Boletim de Educação Matemática*, Rio Claro, n.15, 2001d, p.69-82.

______. An Phänomenen orientiertes Erleben im Mathematikunterricht. In: FICHTNER, B., FREITAS, M. T., MONTEIRO, R. (Orgs.). *Kinder und Jugendliche im Blick qualitativer Forschung*. Kultur historiche Schule, Phänomenologie und Ethnografie. Bamberg: Athena-Verlag, 2003, p.326-3.

______. *Estruturas da Álgebra*: investigação fenomenológica sobre a construção do seu conhecimento. Tese de Doutorado em Educação Matemática – Instituto de Geociências e Ciências Exatas, Universidade Estadual Paulista, Rio Claro, 2005. Disponível em: <www.sepq.org.br>. Acesso em: 20 dez. 2007.

LINDQUIST, M. M., SHULTE, A. P. (Orgs.). *Aprendendo e ensinando Geometria*. Trad. H. H. Domingues. São Paulo: Atual, 1994.

LORENZATO, S. Por que não ensinar Geometria? *A Educação Matemática em Revista*, Blumenau, n.4, 1995, p.3-13.

MARTINS, J. *Um enfoque fenomenológico do currículo*: Educação como *poiésis*. São Paulo: Cortez, 1992.

MARTINS, R. A. *Ensino-aprendizagem de Geometria*: uma proposta fazendo uso de caleidoscópios, sólidos geométricos e *softwares* educacionais. Dissertação de Mestrado em Educação Matemática – Instituto de Geociências e Ciências Exatas, Universidade Estadual Paulista, Rio Claro, 2003.

MENEGHELO, M. *De olho no futuro*: 3ª série. São Paulo: Quinteto Editorial, 2005. Coleção.

MERLEAU-PONTY, M. *O homem e a comunicação*: a prosa do mundo. Rio de Janeiro: Bloch, 1974.

______. *A estrutura do comportamento*. Belo Horizonte: Interlivros, 1975.

______. O olho e o espírito. In: CHAUÍ, M. S. *Textos selecionados*: seleção de textos. Trad. M. S. Chauí e P. de S. Moraes. São Paulo: Nova Cultural, 1989.

______. *O primado da percepção e suas consequências filosóficas*. Trad. C. M. César Campinas: Papirus, 1990.

______. *Signos*. São Paulo: Martins Fontes, 1991.

______. *O visível e o invisível*. Trad. J. A. Gianotti e A. M. de Oliveira. São Paulo: Perspectiva, 1992.

______. *Fenomenologia da percepção*. Trad. C. A. R. de Moura. São Paulo: Martins Fontes, 1994.

______. *Palestras*. Trad. A. Mourão. Lisboa: Edições 70, 2002a.

______. *A prosa do mundo*. São Paulo: Cosac & Naify, 2002b.

MILLER, J. P. *Number in Presence and Absence*: a Study of Husserl's Philosophy of Mathematics. Hague, Boston, Londres: Martinus Nijhoff Publishers, 1982.

MORI, I. *Viver e aprender matemática*: 4ª série. São Paulo: Saraiva, 2001. Coleção.

______. *Viver e aprender matemática*: 3ª série. São Paulo: Saraiva, 2004. Coleção.

MOURA, C. A. Sensibilidade e entendimento na Fenomenologia. *Manuscrito – Revista Internacional de Filosofia*, Campinas, v.23, n.2, out. 2000 , p.207-50.

MÜLLER, W. *Duden* – Das Bedeutungs Wörterbuch – Wortbildung und Wortschatz. Band 10. Zurique: Meyer Lexikonverlag, 1985.

MURARI, C. Um caleidoscópio educacional modificado para trabalhos em grupo. *Revista da Educação Matemática*, São Paulo, n.2, p.11-5, 1995.

______. *Ensino-aprendizagem de Geometria nas 7ª e 8ª séries, via caleidoscópios*. Tese de Doutorado em Educação Matemática – Instituto de Geociências e Ciências Exatas, Universidade Estadual Paulista, Rio Claro, 1999.

NACARATO, A. M., PASSOS, C. L. B. *A Geometria nas séries iniciais*: uma análise sob a perspectiva da prática pedagógica e da formação de professores. São Carlos: EDUFSCAR, 2003.

NELSEN, R. B. *Proofs Without Words*: Exercises in Visual Thinking. Washington: The Mathematical Association of America, 1993.

NETZ, R. *The Shaping of Deduction in Greek Mathematics*: a Study in Cognitive History. Reino Unido: Cambridge University Press, 1999.

NÓVOA, A. *Os professores e sua formação*. Lisboa: Dom Quixote, 1992.

NUKI, S. Temporality and Historicity: Phenomenology of History Beyond Narratology. In: BROUGH, J. B., EMBREE, L. (Orgs.). *The Many Faces of Time*. Dordrecht: Kluwer, 2000.

PASCAL, B. *Traité du triangle arithmétique*. Paris: G. Desprez, 1653.

PAULO, R. M. *A compreensão geométrica da criança*: um estudo fenomenológico. Dissertação de Mestrado em Educação Matemática – Instituto de Geociências e Ciências Exatas, Universidade Estadual Paulista, Rio Claro, 2001.

______. *O significado epistemológico dos diagramas na construção do conhecimento matemático e no ensino de Matemática*. Tese de Doutorado em Educação Matemática – Instituto de Geociências e Ciências Exatas, Universidade Estadual Paulista, Rio Claro, 2006.

PAVANELLO, R. M. O abandono do ensino de Geometria no Brasil: causas e consequências. *Zetetiké*, Campinas, n.1, 1993, p.7-17.

PEITGEN, H., JÜRGENS, H., SAUPE, D. *Fractals for the Classroom – Part One*: Introduction to Fractals and Chaos. Nova York: Springer-Verlag, 1992.

PEREZ, G. *Pressupostos e reflexões teóricas e metodológicas da pesquisa participante no ensino de Geometria para as camadas populares*. Tese de Doutorado em Educação – Faculdade de Educação, Universidade de Campinas, 1991.

POINCARÉ, H. *A ciência e a hipótese*. Trad. M. A. Kneipp. Brasília: Editora da Universidade de Brasília, 1985.

______. *O valor da ciência*. 2.ed. Trad. M. H. F. Martins. Rio de Janeiro: Contraponto, 2002.

REIS, J. A. S. *Geometria esférica por meio de materiais manipuláveis*. Dissertação de Mestrado em Educação Matemática – Instituto de Geociências e Ciências Exatas, Universidade Estadual Paulista, Rio Claro, 2006.

ROCHA, M. A. C. O Falar como expressão do ser na visão de Merleau-Ponty. In: BICUDO, M. A. V., ESPÓSITO, V. H. C. (Orgs.). *Joel Martins*... Um seminário avançado em Fenomenologia. São Paulo: Educ, 1997.

SANTOS, M. R. *Pavimentações do plano*: um estudo com professores de Matemática e Arte. Dissertação de Mestrado em Educação Matemática – Instituto de Geociências e Ciências Exatas, Universidade Estadual Paulista, Rio Claro, 2006.

SARAIVA, M. J. F. S. Raciocínio visual: parente pobre do raciocínio matemático? *Revista Educação e Matemática*. São Paulo, n.21, 1992, p.3-5.

SILVA, E. A., LOURENÇO, M. L., MARTINS, L. C. J. Uma introdução à pavimentação arquimediana do plano. *Boletim de Educação Matemática*, ano 9, n.10, 1994 , p.53-66.

SILVA, V. C. *Ensino de Geometria através de ornamentos*. Dissertação de Mestrado em Educação Matemática - Instituto de Geociências e Ciências Exatas, Universidade Estadual Paulista, Rio Claro, 1997.

SKOVSMOSE, O. *Towards a Philosophy of Critical Mathematics Education*. Aalborg: Aalborg University Centre, 1993.

SPILEERS, S. *Husserl Bibliography*. Dordrecht: Kluwers, 1999.

STRÖKER, E. *The Husserlian Foundations of Science*. Dordrecht: Kluwers, 1997.

STRUIK, D. J. *História concisa das Matemáticas*. 2.ed. Trad. J. C. S. Guerreiro. Lisboa: Gradiva, 1987.

TAXA, S. F. O. *Problemas multiplicativos e processo de abstração em crianças na 3ª série do Ensino Fundamental*. Tese de Doutorado em Educação – Faculdade de Educação, Universidade de Campinas, 2001.

TEIXEIRA, M. F. *Matemática e língua materna*: por uma necessidade de aproximação em contexto escolar. Dissertação de Mestrado em Educação Matemática – Instituto de Geociências e Ciências Exatas, Universidade Estadual Paulista, Rio Claro, 1998.

TOLEDO, M. E. R. O. Numeramento e escolarização: o papel da escola no enfrentamento das demandas matemáticas cotidianas. In: FONSECA, M. C. F. R. (Org.). *Letramento no Brasil*: habilidades matemáticas. São Paulo: Global, 2004, p.91-105.

TOMEI, C. E. A conquista do espaço. In: GLEISER, M. (Coord.). *Imortais da ciência*. São Paulo: Odysseus, 2003. Coleção.

USISKIN, Z. Resolvendo os dilemas permanentes da geometria escolar. In: LINDQUIST, M. M., SHULTE, A. P. *Aprendendo e ensinando Geometria*. Trad. H. H. Domingues. São Paulo: Atual, 1994.

ÍNDICE REMISSIVO

SOBRE O LIVRO

Formato: 16 x 23 cm
Mancha: 28 x 50 paicas
Tipologia: Iowan Old Style 10/14
Papel: Offset 75 g/m² (miolo)
Cartão Supremo 250 g/m² (capa)
1ª edição: 2010

EQUIPE DE REALIZAÇÃO

Edição de texto
Maria Silvia Mourão Neto (Copidesque)
Alessandra Miranda de Sá (Preparação)
Alberto Bononi (Revisão)

Capa
Andrea Yanaguita

Editoração Eletrônica
Andrea Yanaguita

CATEQUESE NO MUNDO COMUNICACIONAL

Dados Internacionais de Catalogação na Publicação (CIP)
(Câmara Brasileira do Livro, SP, Brasil)

Nentwig, Roberto
Catequese no mundo comunicacional / Roberto Nentwig ; com a colaboração de Karina de Carvalho para o capítulo 4. – Petrópolis, RJ : Vozes, 2021.

Bibliografia.
ISBN 978-85-326-6478-5

1. Catequese – Igreja Católica 2. Catequistas – Formação 3. Comunicação – Aspectos religiosos 4. Fé 5. Vida cristã I. Carvalho, Karina de. II. Título.

20-34256 CDD-268.82

Índices para catálogo sistemático:

1. Iniciação cristã – Igreja Católica – Cristianismo
268.82

Cibele Maria Dias – Bibliotecária – CRB-8/9427